信 息 素 养 文 库 · 高 等 学 校 信 息 技 术 系 列 课 程 规 划 教 材

Visual Basic
程序设计实践教程

◎主　编　聂黎生　许　洋　虞　勤
◎副主编　耿夫利　田慧珍　徐　建

U0264720

南京大学出版社

图书在版编目(CIP)数据

Visual Basic 程序设计实践教程 / 聂黎生,许洋,
虞勤主编. — 南京 : 南京大学出版社,2018.1
(信息素养文库)
高等学校信息技术系列课程规划教材
ISBN 978 - 7 - 305 - 19752 - 9

Ⅰ. ①V… Ⅱ. ①聂… ②许… ③虞… Ⅲ. ①BASIC 语
言－程序设计－高等学校－教材 Ⅳ. ①TP312.8

中国版本图书馆 CIP 数据核字(2017)第 317759 号

出版发行 南京大学出版社
社   址 南京市汉口路 22 号   邮 编 210093
出 版 人 金鑫荣
丛 书 名 信息素养文库·高等院校信息技术课程精选规划教材
书   名 Visual Basic 程序设计实践教程
主   编 聂黎生 许 洋 虞 勤
责任编辑 王秉华 王南雁   编辑热线 025 - 83597482
照   排 南京南琳图文制作有限公司
印   刷 南京京新印刷有限公司
开   本 787×1092 1/16 印张 11.5 字数 270 千
版   次 2018 年 1 月第 1 版 2018 年 1 月第 1 次印刷
ISBN 978 - 7 - 305 - 19752 - 9
定   价 29.80 元

网址:http://www.njupco.com
官方微博:http://weibo.com/njupco
官方微信号:njupress
销售咨询热线:(025) 83594756

前　言

　　为了提高学生计算机应用的理论水平和实际操作能力,编者根据多年的 Visual Basic 教学实践,针对学生的具体情况和全国计算机等级考试二级 Visual Basic 考试大纲的要求,编写了《Visual Basic 程序设计实践教程》一书。本书精选了部分帮助学生理解概念和掌握典型算法的习题,通过巩固概念和算法,再做上机实验,尽量做到事半功倍,提高效率。

　　全书共分为十章,和《Visual Basic 程序设计教程》一书基本吻合。前九章为考试真题和上机实践指导部分,涵盖了《全国计算机等级考试二级 Visual Basic 语言程序设计考试大纲(2015 年版)》内容。第十章主要安排了一些综合实验,主要希望学生学完本书之后能够将所学知识综合运用到 VB 应用程序设计之中,以此来锻炼自己的编程能力。附录 1 介绍了全国等级考试二级 VB 概况,附录 II 综合归纳 VB 程序设计的常用算法,希望能够对学生的编程提供帮助。

　　为了使本书能够更好地为教学和考试服务,教材中选取了部分全国等级考试题目,同时安排了若干实验紧密配合教学的需要。本教材旨在帮助学生(尤其是非计算机专业的初学者)掌握程序设计能力的同时,顺利通过计算机等级考试。

　　本书可作为全国计算机等级考试二级 Visual Basic 科目的培训教材与自学用书,也可作为学习 Visual Basic 的参考书。

　　本书由聂黎生、许洋、虞勤老师主编,耿夫利、田慧珍、徐建等老师参与编写,例题参考历年考题,特此感谢并说明。由于作者水平有限,书中错误和缺点在所难免,恳请指正。

编　者

2017 年 12 月

目 录

第1章　Visual Basic 程序开发环境

目 的 和 要 求

- 熟练掌握 Visual Basic（以下简称 VB）启动和关闭的方法。
- 熟悉 VB 程序的集成开发环境。
- 掌握 VB 的对象及其属性设置。
- 掌握窗体的结构、属性与事件。
- 掌握常用标准控件命名和控件值。
- 学会根据要求设计窗体界面，掌握控件的画法和基本操作，并对窗体进行布局。
- 掌握向窗体中添加控件以及设置控件属性的方法。
- 掌握建立简单的 VB 应用程序的方法。
- 了解事件驱动。

1.1　考试真题

【例 1-1】 以下不属于 Visual Basic 系统的文件类型是_____。

    A）.frm　　　　　B）.bat　　　　　C）.vbg　　　　　D）.vbp

答案：B

【例 1-2】 在 Visual Basic 集成环境中，可以列出工程中所有模块名称的窗口是_____。

    A）工程资源管理器窗口　　　　　B）窗体设计窗口
    C）属性窗口　　　　　　　　　　D）代码窗口

答案：A

【例 1-3】 在 Visual Basic 集成环境的设计模式下，用鼠标双击窗体上的某个控件打开的窗口是_____。

    A）工程资源管理器窗口　　　　　B）属性窗口
    C）工具箱窗口　　　　　　　　　D）代码窗口

答案：D

【例 1-4】 在 Visual Basic 集成环境中，要添加一个窗体，可以单击工具栏上的一个按钮，这个按钮是_____。

    A）　　　　　B）　　　　　C）　　　　　D）

答案:A

【例 1-5】 VB 中有这样一类文件:该文件不属于任何一个窗体,而且仅包含程序代码,这类文件的扩展名是_____。

　　A).vbp　　　　　　B).bas　　　　　　C).vbw　　　　　　D).frm

答案:B

【解析】 .vbp 工程文件,包含与管理工程有关的所有文件和对象清单。

　　　　.bas 标准模块文件,包含公用的一些变量和过程等代码。

　　　　.vbw 工作区文件,包含了该工程中各窗体(指开发区窗体,如代码窗、设计窗)的位置。

　　　　.frm 窗体文件,包含了窗体及窗体中包含的各控件的代码、属性等信息。

故选项 B 正确。

1.2　上机指导

实验 1-1　进入 Visual Basic 集成开发环境(IDE)

1. 启动 VB 6.0

通过"开始"菜单启动 Visual Basic 6.0,操作步骤为:

(1)单击 Windows 桌面任务栏的"开始"按钮,弹出"开始"菜单,将鼠标指针指向"程序"选项,在"程序"项的级联菜单中选中"Microsoft Visual Basic 6.0 中文版",然后在其打开的下级级联菜单中将光标条定位在"Microsoft Visual Basic 6.0 中文版"命令上。

(2)单击鼠标左键,屏幕出现如图 1.1 所示的 Visual Basic 6.0 启动画面。

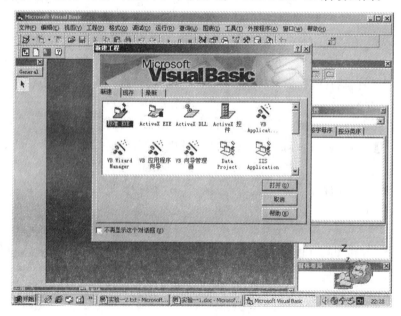

图 1.1　启动 VB 6.0

（3）要建立一个新的工程，选择"新建"选项卡，从中选择"标准 EXE"项(默认)，然后单击"打开"按钮，进入如图 1.2 所示的 VB 6.0 应用程序集成开发环境。

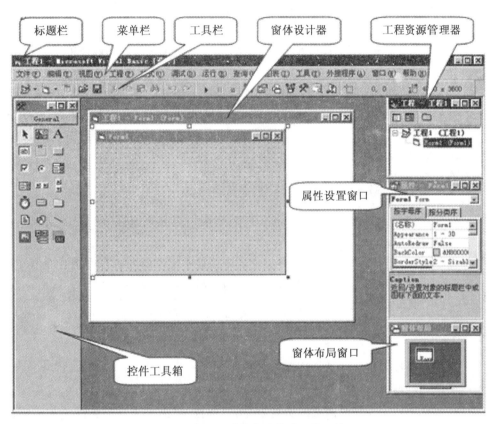

图 1.2　VB 6.0 应用程序集成开发环境

2. 退出 VB

在图 1.2 所示的 Visual Basic 6.0 应用程序集成开发环境窗口中，从"文件"菜单中选择"退出"命令，或双击窗口控制菜单图标，或单击窗口关闭按钮均可退出 Visual Basic 6.0。在退出时，系统可能会提示用户保存工程文件和窗体文件，有关保存文件的操作在第三章实验指导中进行详细说明。

实验 1－2　对象属性的设置

对窗体和控件等对象进行属性的设置，可以在程序设计阶段进行，也可以通过程序代码在应用程序运行时修改它们的属性。

1. 在设计阶段利用属性窗口设置对象属性

在程序设计阶段，可以利用属性窗口设置对象的属性。Visual Basic 提供了不同的设置方法，下面分三种情况进行介绍：

（1）在属性窗口中直接键入新属性值

① 在窗体设计器中选择某一控件。

② 激活属性窗口。

③ 在属性窗口中找到所需要的属性,单击该属性,再单击该属性的属性值栏,即把插入点移到该属性的属性值栏中。

④ 用 Del 键或退格键删去原有的属性值,输入新属性值并回车。

上述方法的第③、④步也可用下面过程完成:

③ 在属性窗口中找到所需要的属性,双击该属性,可见该属性的属性值呈反相显示。

④ 输入新属性值并回车。

(2) 通过下拉列表选择所需的属性值

有的对象的某些属性,如 BorderStyle、DrawMode、MaxButton、MinButton、ForeColor、BackColor 等属性值的取值是固定的,所以这些属性值的设置不需要用户输入,而只要从属性窗口选择即可,其方法是:

• 在窗体设计器中选择某一控件。

• 激活属性窗口。

• 在属性窗口中找到所需要的属性,单击该属性,可见该属性值的右端出现一个向下的箭头(即:下拉列表)。

• 单击该下拉列表的右端箭头,可见列表中将显示出该属性所有可能的取值。从下拉列表中,单击某一取值,即把该属性设置成该值。

(3) 利用对话框设置属性值

某些属性(如:Font、Picture、Icon、MouseIcon 等属性)的属性值的设置是通过对话框来完成。操作方法如下:

• 在窗体设计器中选择某一控件。

• 激活属性窗口。

• 在属性窗口中找到所需要的属性,单击该属性,可见该属性的属性值的右端出现带有"…"的按钮。

• 此时单击该按钮,将出现一个对话框,根据对话框的提示,设置相应的值,最后单击"确定"按钮,完成对属性值的设置。

2. 在程序代码中设置对象属性值(具体在第三章介绍)

对于对象的大多数属性的属性值的设置,既可以在设计阶段通过属性窗口设置,也可以通过程序代码设置,而有些属性只能用程序代码或属性窗口设置。通常把只能在设计阶段通过属性窗口设置的属性称为"只读属性",如:Name 属性就是只读属性。

在程序代码中设置属性值的格式如下:

对象名称.属性名称=属性值

实验 1-3 显示"控件箱"

【方法 1】 通过"视图"菜单——"工具箱"。

【方法 2】 单击工具栏中的 ✖ 按钮。

实验 1-4 使用"控件箱"向窗体添加控件的方法

【方法 1】 单击所需控件,将鼠标移向窗体,在窗体的适当位置上按住鼠标左键拖动。

【方法 2】　双击所需的控件。控件将自动添加到窗体中间。

实验 1-5　选择控件

1. 选定单个控件

在窗体设计器中,用鼠标单击窗体上的某个控件。

2. 同时选择多个控件

【方法 1】

按住 Ctrl 或 Shift 键不动,依次用鼠标单击要选择的所有控件,如果单击了已被选择的控件,则表示取消先前的选择。被选择的控件的周围都有八个小把柄,但最后一个被选择的控件的周围是实心小把柄,其他被选择的控件的周围是空心小把柄。

【方法 2】

也可以把鼠标移动到窗体中适当的位置(没有控件的地方),按下鼠标左键并拖动到某一位置,可画出一个虚线矩形,在该矩形内的控件都将被选择。

取消选取:可在窗体的空白处,单击鼠标左键。

实验 1-6　调整控件大小尺寸

1. 调整单个控件的大小尺寸

【方法 1】

在窗体设计器中用鼠标单击要调整尺寸的控件,选定的控件上出现尺寸把柄。

将鼠标指针定位到尺寸柄上,出现双向箭头,拖动该尺寸柄直到控件达到所希望的大小为止。

释放鼠标按钮。

【注意】　四角上的尺寸柄可以同时调整控件水平和垂直方向的大小,而边上的尺寸柄调整控件一个方向的大小。

【方法 2】

在窗体设计器中用鼠标单击要调整尺寸的控件,选定的控件上出现尺寸把柄。

选择控件后,用 Shift 键加上方向箭头键调整控件的尺寸。

2. 同时调整多个控件的大小尺寸

用前述方法选择多个控件;

按下 Shift 键不放开,再按下某个方向箭头键即可调整选定控件的尺寸。

3. 多个控件尺寸的统一

按前述方法选择多个控件。

单击菜单栏中的"格式"菜单项/指向"统一尺寸"/单击"宽度相同"或"高度相同"或"两者都相同"子菜单。"宽度相同"功能将被选取的所有控件设置成相同的宽度,"高度相同"功能将被选取的所有控件设置成相同的高度,"两者都相同"功能将被选取的所有控件设置成相同的大小。

实验 1－7　移动控件

1. 单个控件的移动

【方法 1】　在窗体设计器中用鼠标把窗体上的控件拖动到一新位置。

【方法 2】　先选定某控件,再按下 Ctrl 键和某个方向箭头键移动控件的位置,每按下一次该组合键,控件将移动一个网格单元。

2. 多个控件的移动

用前述方法选择多个控件。

选定控件后,可用 Ctrl 键加方向箭头键每次移动控件一个网格单元。如果该网格关闭,控件每次移动一个像素。

实验 1－8　控件布局的调整

1. 多个控件之间的对齐方法和步骤

【方法 1】　单击菜单栏中的"格式"菜单,指向"对齐"菜单项,在出现的下级子菜单中单击其中的某一菜单命令来完成该种对齐方式。

【方法 2】　单击"工具栏"中的"对齐方式"右端的箭头,然后从中选择一种。(如果工具栏中无此按钮,则可单击"视图"菜单,然后指向"工具栏",再单击"窗体编辑器"菜单项)

2. 控件在窗体中的对齐方式及设置方法

【方法 1】　单击菜单栏中的"格式"菜单中,指向"在窗口中居中对齐"菜单项,在出现的下拉菜单中单击"水平对齐"或"垂直对齐"菜单命令。

【方法 2】　单击"工具栏"中的"在窗口中居中对齐方式"右端的箭头,然后从中选择一种。(如果工具栏中无此按钮,则可单击"视图"菜单,然后指向"工具栏",再单击"窗体编辑器"菜单项)

实验 1－9　控件的删除

首先在窗体设计器中选择待删除的控件,然后按以下方法删除:

【方法 1】　按下<Del> 键。

【方法 2】　单击工具栏上的"删除"或"剪切"按钮。

【方法 3】　利用菜单栏中的"编辑"菜单中的"删除"或"剪切"菜单命令。

【方法 4】　利用右键快捷菜单上的"删除"或"剪切"菜单命令对控件作复制、删除等操作。

实验 1－10　学会使用标签、文本框和命令按钮属性的设置

【题目】　在新建的工程中,观察窗体 Form1 属性窗口中的(名称)属性和 Caption 属性的值(应都默认为 Form1)。按一下要求熟悉如何在属性窗口中修改属性。

- 将窗体的(名称)属性改为 f1,标题(Caption)属性改为"我的第一个工程";

- 单击工具箱中的文本框控件 abl (TextBox),在窗体上拖动鼠标画一个文本框

Text1,在其属性窗口中修改 Text 属性值为"欢迎使用 Visual Basic";

- 用同样的方法在窗体上画另一个文本框 Text2,将文本框 Text2 的 MultiLine 属性设置为 True,以便显示多行文本。修改其 Text 属性,使其内容为"Visual Basic 是一种可视化的、面向对象和采用事件驱动的结构化高级程序设计语言",在 Text 属性中输入文本,每行文本后用"Ctrl+Enter"组合键换行;

- 在窗体上画出三个命令按钮,修改它们的 Caption 属性,使按钮表面显示文字分别为"修改字体"、"修改颜色"、"退出",观察三个按钮的(名称)属性,并将它们的名称分别改为 C1、C2、C3,调整好界面中各控件的大小和位置;

- 同时选中窗体上的所有控件,观察属性窗口中的变化,使用 Font 属性将字体字号全部设置为五号。

实验 1–11　应用程序开发的一般步骤

【题目】　使用 VB 建立一个简单的应用程序,单击命令按钮后标签标题显示"大家好!",同时文本框显示"欢迎来到这里"。

【分析】　窗体通常不直接输出文本信息,一般通过窗体上的对象输出文本信息。例如,可以用标签输出"大家好!",用文本框输出"欢迎来到这里!",因此可以在窗体上放置一个标签、一个文本框和一个命令按钮,单击命令按钮,则在标签上显示"大家好!",在文本框显示"欢迎来到这里!"。

【实验步骤】

首先建立一个自己的文件夹,以便将练习中生成的各种文件保存在该文件夹中,这里在 D 盘建立一个 VBpro 文件夹。

1. 新建工程

单击 Windows 任务栏中的"开始"→"程序"→"Microsoft Visual Basic 6.0 中文版"→"Microsoft Visual Basic 6.0 中文版"命令,进入 Visual Basic 6.0 集成开发环境,并显示"新建工程"对话框,默认选择是建立"标准 EXE"(即标准工程)。单击"打开"按钮,Visual Basic 6.0 进入设计模式,并自动创建了一个窗体模块 Form1,这就是将要建立的应用程序的窗体。在这个窗体上添加控件,即可建立应用程序界面。

2. 创建应用程序界面

(1) 设置窗体属性

① 在属性窗口中双击"Caption"属性条,输入"我的第一个 VB 程序"。

② 在属性窗口中选择"BackColor"属性条,然后单击右端的箭头,在所显示的"调色板"中选择一种颜色(例如浅黄色)。

(2) 在窗体上添加控件

① 单击工具箱中标有"A"的标签(Label)控件类型图标,鼠标指针变为十字形,再在"对象"窗口的窗体上单击并拖动,然后释放鼠标键,窗体上就会出现一个标签类型的控件对象,同时鼠标指针恢复为箭头形状。

② 用同样方法将文本框(TextBox)控件放置在窗体上。

③ 放置命令按钮(CommandButton)到窗体上。

（3）设置控件属性

在窗体上选中命令按钮，然后在属性窗口中双击"Caption"属性条，输入"显示"。

通过鼠标的几个简单操作，我们已经建立好了应用程序界面，如图 1.3 所示。

3. 编写应用程序代码

创建好了应用程序界面，下面就开始编写应用程序代码，控制程序的运行。

编写的程序具有这样的功能：当用户在应用程序窗体中用鼠标单击"显示"按钮时，窗体中的标签上会显示"大家好！"，文本框中会显示"欢迎来到这里！"。

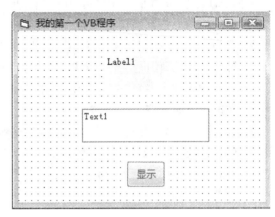

图 1.3　界面设计

在这里要对"显示"命令按钮（Command1）进行编程，在窗体上双击"显示"命令按钮（Command1），会弹出代码编辑窗口，在编辑窗口上部左侧的对象列表框中显示对象名为"Command1"，在右侧的过程列表框中显示的过程是"Click"，如图 1.4 所示。

图 1.4　代码编辑窗口　　　　　　　　图 1.5　运行结果

此时，在代码编辑窗口会出现如下代码：

Private Sub Command1_Click()

End Sub

说明我们是对命令按钮 Command1 的单击事件进行编程。在这两条语句之间输入如下代码：

```
Label1.Caption="大家好！"        ' 修改标签的标题
Label1.FontName="宋体"          ' 设置标签的字体
Label1.FontSize=15              ' 设置标签的字号
Label1.FontBold=True            ' 设定标签的字体加粗
Text1.Text="欢迎来到这里！"
Text1.FontName="黑体"
Text1.FontSize=16
```

Text1.FontBold=True

至此，我们完成了对命令按钮 Command1（"显示"按钮）的编程。

4. 运行程序

点击工具栏中的"启动"按钮，开始运行程序，单击命令按钮（显示），结果如图 1.5 所示。

5. 保存文件

程序在编写过程中或运行结束后常常要将有关文件保存到磁盘上，以便以后多次使用。通常一个工程中会涉及多种文件类型，但本例比较简单，它仅涉及一个窗体，因此在保存文件时，只需保存一个窗体文件和工程文件即可。保存文件的步骤如下：

（1）选择"文件"→"保存 Form1"（窗体文件）命令，系统弹出"文件另存为"对话框，提示用户输入文件名。如图 1.6 所示。用户在"保存在"文本框选择保存的文件夹，在"文件名"文本框输入窗体文件名（后缀名由系统根据不同的文件类型自动添加，这里是.frm）。本例窗体文件名为 vblx.frm，保存在 D 盘的 VBpro 文件夹下。

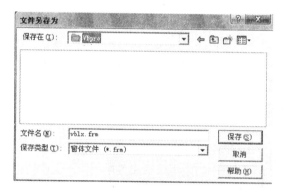

图 1.6　窗体文体保存

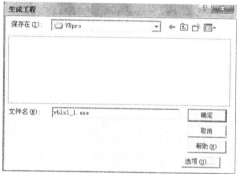

图 1.7　生成工程对话框

（2）选择"文件"→"保存工程"（工程文件）命令，系统弹出"工程另存为"对话框，提示用户输入文件名，操作同上。本例工程文件名为 vblx.vbp。

在保存了文件后，用户若要再次调入文件进行修改或运行，只需选择"文件"→"打开工程"命令，输入要打开的工程文件名，就可把硬盘上的文件调入内存进行所需的操作。

【注意】

1. 同一文件夹下不能有相同的文件名。

2. 如果应用程序是第一次被保存或对已存在文件修改后的不改名存盘，可选择"文件"菜单的"保存 Form"、"保存工程"命令保存。若用户欲对修改后文件改名存盘，则必须选择"Form1 另存为"、"工程另存为"命令。系统默认文件夹是"VB98"，用户要注意存盘时一定要清楚文件保存的位置和文件名，否则下次使用或修改程序时可能找不到所需文件。

3. 若工程中存在多个窗体时，必须指定一个启动窗体，启动窗体通常是指程序运行时显示的第一个窗体。方法是利用"工程"菜单中的"工程属性"命令打开"通用"选项，见图 1.8，在启动对象列表框中选择一个窗体后确定即可。

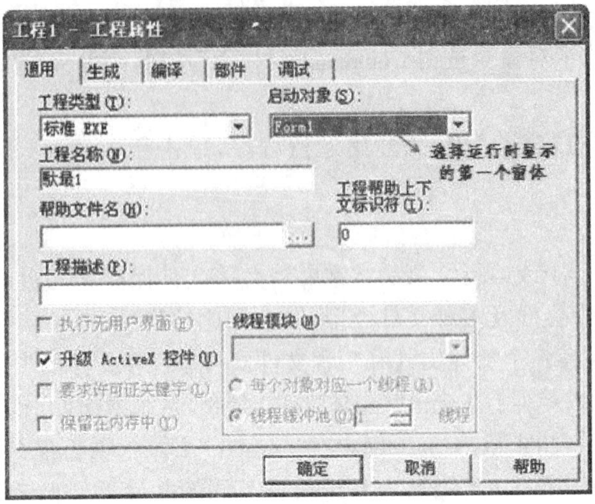

图 1.8 工程属性对话框

6. 生成可执行文件

在前面的程序运行时,我们直接选择在工具栏单击"▶"启动按钮,或选择"运行"→"启动"命令运行程序,这时的运行是在解释运行模式下,仍然在 VB 环境中。有时我们需要程序的运行能脱离 VB 环境,可像任何基于 Windows 的应用程序那样,双击程序文件图标就可运行。这就必须对应用程序源代码进行编译,生成可执行文件(.EXE 文件)。生成可执行文件的步骤如下:

(1) 选择"文件"→"生成.exe"命令,系统显示"生成工程"对话框。

(2) 在"文件名"文本框内显示与原工程文件名一致的可执行文件名,用户也可修改文件名,本例文件名为 vblx1_1.exe。

7. 运行可执行文件

在 D 盘的 VBpro 文件夹下双击 vblx1_1.exe 文件,运行该可执行文件。

实验 1-12 熟悉程序设计的基本步骤

【题目】 在窗口中有一个标签和一个命令按钮,标签初始文字为"你好!"。用鼠标单击命令按钮,窗口中标签的文字就会自动变成"欢迎学习 VB!"。请读者自己完成设计。

本程序中需要设置的属性列表如下:

对象	属性名	属性值
窗体	(名称)	Form1
	Caption	例 1-2
标签	(名称)	Label1
	Caption	你好!
	AutoSize	True
按钮	(名称)	Command1
	Caption	确定

第2章 常用标准控件

目 的 和 要 求

- 学会根据要求设计窗体界面,合理使用常用控件,并对窗体进行布局。
- 掌握常见的一些控件,如标签、文本框、命令按钮、单选按钮和复选框、列表框、组合框、图片框和图像框、计时器、滚动条等常用控件的使用方法。
- 掌握用程序代码方法设置属性的方法,进一步掌握 VB 程序的开发过程。
- 掌握菜单设计器窗口的使用操作方法。
- 掌握下拉式菜单和弹出式菜单的设计方法。
- 掌握菜单项的增减方法。
- 掌握多重窗体程序的建立、执行与保存。
- 掌握 Visual Basic 工程结构,包括标准模块、窗体模块和 SubMain 过程。

2.1 考试真题

【例 2-1】 下面控件中,没有 Caption 属性的是_____。

A）复选框　　　　B）单选按钮　　　　C）组合框　　　　D）框架

答案:C

【例 2-2】 用来设置文字字体是否斜体的属性是_____。

A）FontUnderline　　B）FontBold　　　C）FontSlope　　　D）FontItalic

答案:D

【例 2-3】 窗体上有名称为 Command1 的命令按钮和名称为 Text1 的文本框

```
Private Sub Command1_Click()
    Text1.Text="程序设计"
    Text1.SetFocus
End Sub
    Private Sub Text1_GotFocus()
    Text1.Text="等级考试"
End Sub
```

运行以上程序,单击命令按钮后_____。

A）文本框中显示的是"程序设计",且焦点在文本框中

B）文本框中显示的是"等级考试"，且焦点在文本框中

C）文本框中显示的是"程序设计"，且焦点在命令按钮上

D）文本框中显示的是"等级考试"，且焦点在命令按钮上

答案：B

【例 2-4】 以下说法中错误的是_____。

A）如果把一个命令按钮的 Default 属性设置为 True，则按回车键与单击该命令按钮的作用相同

B）可以用多个命令按钮组成命令按钮数组

C）命令按钮只能识别单击（Click）事件

D）通过设置命令按钮的 Enabled 属性，可以使该命令按钮有效或禁用

答案：C

【例 2-5】 在窗体上画一个图片框，在图片框中画一个命令按钮，位置如图 2.1 所示。

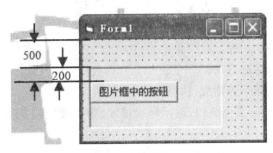

图 2.1　控件位置界面

则命令按钮的 Top 属性值是_____。

A）200　　　　　B）300　　　　　C）500　　　　　D）700

答案：A

【例 2-6】 为了使标签具有"透明"的显示效果，需要设置的属性是_____。

A）Caption　　　B）Alignment　　　C）BackStyle　　　D）AutoSize

答案：C

【例 2-7】 设窗体中有一个文本框 Text1，若在程序中执行了 Text1.SetFocus，则触发_____。

A）Text1 的 SetFocus 事件　　　　　B）Text1 的 GotFocus 事件

C）Text1 的 LostFocus 事件　　　　　D）窗体的 GotFocus 事件

答案：B

【例 2-8】 在窗体上画一个名称为 Combo1 的组合框，名称为 Text1 的文本框，以及名称为 Command1 的命令按钮，如图 2.2 所示。

图 2.2　组合框示例

运行程序,单击命令按钮,将文本框中被选中的文本添加到组合框中,若文本框中没有选中的文本,则将文本框中的文本全部添加到组合框中。命令按钮的事件过程如下:

```
Private Sub Command1_Click()
    If Text1.SelLength<> 0 Then
        _____
    Else
        Combo1.AddItem Text1
    End If
End Sub
```

程序中横线处应该填写的是_____。

A）Combo1.AddItem Text1.Text

B）Combo1.AddItem Text1.SelStart

C）Combo1.AddItem Text1.SelText

D）Combo1.AddItem Text1.SelLength

答案:C

【解析】　根据题意可知,横线处应该是将文本框中选中文本添加到组合框中。文本框 Text 属性返回整个文本框中的文本,故 A 选项错误;SelStart 属性返回选中文本的起始位置,故 B 选项错误;SelLength 属性返回选中文本的长度,故 D 选项错误;SelText 属性返回选中的文本,故 C 选项正确。

【例 2－9】　在窗体上画一个名称为 List1 的列表框,一个名称为 Label1 的标签,列表框中显示若干个项目。当单击列表框中的某个项目时,在标签中显示被选中项目的名称。下列能正确实现上述操作的程序是_____。

A）Private Sub List1_Click()
　　　　Label1.Caption=List1.ListIndex
　　End Sub

B）Private Sub List1_Click()
　　　　Label1.Name=List1.ListIndex
　　End Sub

C）Private Sub List1_Click()
　　　　Label1.Name=List1.Text
　　End Sub

D）Private Sub List1_Click()
　　　　Label1.Caption=List1.Text
　　End Sub

答案:D

【例 2－10】　设窗体上有一个名称为 HS1 的水平滚动条,如果执行了语句:
HS1.Value=(HS1.Max-HS1.Min)/2=HS1.Min,则:_____。

A）滚动块处于最左端

B）滚动块处于最右端

C）滚动块处于中间位置

D）滚动块可能处于任何位置,具体位置取决于 Max、Min 属性的值

答案:C

【例 2－11】 窗体上有一个名称为 Cb1 的组合框,程序运行后,为了输出选中的列表项,应使用的语句是_____。

A）Print Cb1.Selected   B）Print Cb1.List(Cb1.ListIndex)

C）Print Cb1.Selected.Text   D）Print Cb1.List(ListIndex)

答案:B

【例 2－12】 窗体上有名称为 Command1 的命令按钮,名称分别为 List1、List2 的列表框,其中 List1 的 MultiSelect 属性设置为 1(Simple),并有如下事件过程:

```
Private Sub Command1_Click()
    For i=0 To List1.ListCount-1
        If List1.Selected(i)=True Then
            List2.AddItem Text
        End If
    Next
End Sub
```

上述事件过程的功能是将 List1 中被选中的列表项添加到 List2 中。运行程序时,发现不能达到预期目的,应做修改,下列修改中正确的是_____。

A）将 For 循环的终值改为 List1.ListCount

B）将 List1.Selected(i)=True 改为 List1.List(i).Selected=True

C）将 List2.AddItem Text 改为 List2.AddItem List1.List(i)

D）将 List2.AddItem Text 改为 List2.AddItem List1.ListIndex

答案:C

【解析】 题目程序不能将 List1 中的选中项添加到 List2 中,List2.AddItem Text 一行有误,应该改为 List2.AddItem List1.List(i)才能使 List1 中每个选中的行添加到 List2 中。列表框控件的 List 属性保存了列表框中所有值的数组,可以通过下标访问数组中的值。

【例 2－13】 设窗体上有一个名为 List1 的列表框,并编写下面的事件过程:

```
Private Sub List1_Click()
    Dim ch As String
        ch=List1.List(List1.ListIndex)
        List1.RemoveItem List 1.ListIndex
        List1.AddItem ch
EndSub
```

程序运行时,单击一个列表项,则产生的结果是_____。

A）该列表项被移到列表的最前面   B）该列表项被删除

C）该列表项被移到列表的最后面   D）该列表项被删除后又在原位置插入

答案:C

【例 2 - 14】 为了使复选框禁用(即呈现灰色),应把它的 value 属性设置为_____。

答案:2

【例 2 - 15】 在窗体上画一个标签、一个计时器和一个命令按钮,其名称分别为 Label1、Timer1 和 Command1,如图 2.3(a)所示。程序运行后,如果单击命令按钮,则标签开始闪烁,每秒钟"欢迎"二字显示、消失各一次,如图 2.3(b)所示。以下是实现上述功能的程序,请填空。

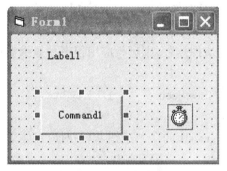 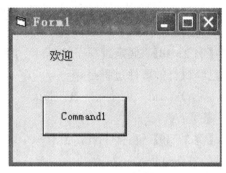

图 2.3(a) 设计界面　　　　　　　　图 2.3(b) 运行界面

```
Private Sub Form_Load()
    Label1.Caption="欢迎"
    Timer1.Enabled=False
    Timer1.Interval=  (1)
End Sub
Private Sub Timer1_Timer()
    Label1.Visible=  (2)
End Sub
Private Sub command1_Click()
    (3)
End Sub
```

答案:(1) 500　(2) not Label1.Visible　(3) Timer1.Enabled=True

【解析】 计时器控件(Timer)用来完成有规律性时间间隔执行的任务。Interval 属性用于设置计时器事件之间的时间间隔,以毫秒为单位,取值范围为 0～65 535;题目中要求每秒钟标签要显示、隐藏各一次,所以是每秒钟触发 Timer 事件 2 次,计时器的 Interval 属性应设为 500;在 Timer 事件中要实现标签的显示和隐藏,每一次标签的 Visible 属性都应该是前一次的取反值;由于要求当单击命令按钮时启用计时器,故此在命令按钮的单击事件中应该令 Enabled 的属性为 True。

【例 2 - 16】 设在名称为 Myform 的窗体上只有 1 个名称为 C1 的命令按钮,下面述中正确的是_____。

　　A) 窗体的 Click 事件过程的过程名是 Myform_Click

　　B) 命令按钮的 Click 事件过程的过程名是 C1_Click

C）命令按钮的 Click 事件过程的过程名是 Command 1_Click

D）上述 3 种过程名称都是错误的

答案：B

【例 2－17】 在程序运行时,下面的叙述中正确的是_____。

A）用鼠标右键单击窗体中无控件的部分,会执行窗体的 Form_Load 事件过程

B）用鼠标左键单击窗体的标题栏,会执行窗体的 Form_Click 事件过程

C）只装入而不显示窗体,也会执行窗体的 Form_Load 事件过程

D）装入窗体后,每次显示该窗体时,都会执行窗体的 Form_Click 事件过程

答案：C

【例 2－18】 假定编写了如下 4 个窗体事件的事件过程,则运行应用程序并显示窗体后,已经执行的事件过程是_____。

A）Load   B）Click   C）LostFocus   D）KeyPress

答案：A

【例 2－19】 窗体 Form1 上有一个名称为 Command1 的命令按钮,以下对应窗体单击事件的事件过程是_____。

A）Private Sub Form1_Click()

    …

    End Sub

B）Private Sub Form_Click()

    …

    End Sub

C）Private Sub Command1_Click()

    …

    End Sub

D）Private Sub Command_Click()

    …

    End Sub

答案：B

【例 2－20】 在利用菜单编辑器设计菜单时,为了把组合键"Alt+X"设置为"退出（X）"菜单项的访问键,可以将该菜单项的标题设置为_____。

A）退出(X&)   B）退出(&X)   C）退出(X#)   D）退出(#X)

答案：B

【例 2－21】 以下说法正确的是_____。

A）任何时候都可以通过执行"工具"菜单中的"菜单编辑器"命令打开菜单编辑器

B）只有当某个窗体为当前活动窗体时,才能打开菜单编辑器

C）任何时候都可以通过单击标准工具栏上的"菜单编辑器"按钮打开菜单编辑器

D）只有当代码窗品为当前活动窗口时,才能打开菜单编辑器

答案：B

【例 2－22】 有弹出式菜单的结构如图 2.4(a),程序运行时,单击窗体则弹出如图 2.4(b)所示的菜单。下面的事件过程中能正确实现这一功能的是_____。

内容	标题	名称
无	编辑	edif
…	剪切	cut
…	粘贴	paste

(a)

| 剪切 |
| 粘贴 |

(b)

图 2.4 设计界面

A）Private Sub Form _Click()

        PopupMenu cut

    End Sub

B）Private Sub Command 1 Click()

        PopupMenu edit

    End Sub

C）Private Sub Form_ Click()

        PopupMenu edit

    End Sub

D）Private Sub Form_lick()

        PopupMenu cut

        PopupMenu paste

    End Sub

答案:C

【例 2－23】 以下关于菜单的叙述中,错误的是_____。

    A）当窗体为活动窗体时,用 Ctrl+E 键可以打开菜单编辑器

    B）把菜单项的 Enabled 属性设置为 False,则可删除该菜单项

    C）弹出式菜单在菜单编辑器中设计

    D）程序运行时,利用控件数组可以实现菜单项的增加或减少

答案:B

【例 2－24】 窗体上有一个用菜单编辑器设计的菜单。运行程序,并在窗体上单击鼠标右键,则弹出一个快捷菜单。如图 2.5 所示。以下叙述中错误的是_____。

图 2.5 设计界面

A）在设计"粘贴"菜单项时,在菜单编辑器窗口中设置了"有效"属性(有"√")

B）菜单中的横线是在该菜单项的标题输入框中输入了一个"-"(减号)字符

C）在设计"选中"菜单项时,在菜单编辑器窗口中设置"复选"属性(有"√")

D）在设计该弹出菜单的主菜单项时,在菜单编辑器窗口中去掉"可见"前面的"√"

答案:A

【例 2-25】 下面关于菜单的叙述中错误的是_____。

A）各级菜单中的所有菜单项的名称必须唯一

B）同一子菜单中的菜单项名称必须唯一,但不同子菜单中的菜单项名称可以相同

C）弹出式菜单用 PopupMenu 方法弹出

D）弹出式菜单也用菜单编辑器编辑

答案:B

【例 2-26】 工程中有 2 个窗体,名称分别为 Form1、Form2,Form1 为启动窗体,该窗体上有命令按钮 Command1,要求程序运行后单击该命令按钮时显示 Form2,则按钮的 Click 事件过程应该是_____。

A）Private Sub Command1_Click()　　　　B）Private Sub Command1_Click()

　　Form2.Show　　　　　　　　　　　　　　　Form2.Visible

　　End Sub　　　　　　　　　　　　　　　　End Sub

C）Private Sub Command1_Click()　　　　D）Private Sub Command1_Click()

　　Load Form2　　　　　　　　　　　　　　Form2.Load

　　End Sub　　　　　　　　　　　　　　　　End Sub

答案:A

【例 2-27】 某人创建了 1 个工程,其中的窗体名称为 Form1;之后又添加了 1 个名为 Form2 的窗体,并希望程序执行时先显示 Form2 窗体,那么,他需要做的工作是_____。

A）在工程属性对话框中把"启动对象"设置为 Form2

B）在 Form1 的 Load 事件过程中加入语句 Load Form2

C）在 Form2 的 Load 事件过程中加入语句 Form2.Show

D）在 Form2 的 TabIndex 属性设置为 1,把 Form1 的 TabIndex 属性设置为 2

答案:A

2.2　上机指导

实验 2-1　Print 方法及其相关函数的使用

【题目】 写出下列语句的输出结果,并上机验证。

① Print n=34+23

Print "n="; 25+32

② s$="China"

s$="Beijing"

Print s$

③ a%=3.14159

Print a%

④ Print "12345678901234567890123456789011234567890"

Print Space(5); 7; Tab(10); "A"

Print Tab(5); 6; Tab(14); ","

Print "1", "k"; "metc",

Print "b"

⑤ b=Sqr(3)

Print Format$(b, "000.00")

Print Format$(b, "###.#00")

Print Format$(b, "00.00E+00")

Print Format$(b, "-#.####")

⑥ X=2

Print 3<X<5

Print X>3 And X<5

【实验步骤】

1. 窗体设计

不必摆放控件,把代码输入到窗体的 Click 事件中即可。

2. 属性设置

无。

3. 添加程序代码

Private Sub Form_Click()

＿＿＿＿＿＿＿＿＿＿＿　'此处填入题目中的代码

End Sub

4. 运行工程,总结结论

运行程序,单击窗体,若输出结果与预想不同,请分析产生错误的原因。

5. 保存文件

保存窗体和工程文件。

实验 2-2　掌握文本框和命令按钮的属性

【题目】　在窗体上建立一个名称为 Text1 的文本框和两个名称分别为 C1、C2,标题分别为"显示"、"隐藏"的命令按钮。程序运行后,如果单击"隐藏"按钮,则文本框消失,同时隐藏按钮不可用,显示按钮可用;如果单击"显示"按钮,则文本框出现,同时显示按钮不可用,隐藏按钮可用。如图 2.6 和图 2.7 所示。要求:不得使用任何变量,直接对指定的属性赋值。

图 2.6　显示文本框　　　　　　　　　图 2.7　隐藏文本框

【分析】　本题主要考查 Visible 和 Enable 属性,通过设定对象的 Visible 属性来控制对象的显示与隐藏。如果将该属性设置为 True 时,则对象可见;如果设置为 False,则隐藏该控件。命令按钮的标题通过 Caption 属性设置,命令按钮是否可用可以通过 Enable 属性设置。当 Enable 属性为 True 时,控件可用;当 Enable 属性为 False 时,控件不可用。

【实验步骤】

1. 创建窗体并设置属性(略)

2. 完善程序代码

```
Private Sub C1_Click()
        Text1.Visible=_____
        C1.Enabled=_____
        C2.Enabled=_____
End Sub


Private Sub C2_Click()
        Text1.Visible=_____
        C1.Enabled=_____
        C2.Enabled=_____
End Sub
```

3.运行程序,分别保存窗体和工程文件。

实验 2-3　掌握文本框和命令按钮的使用

【题目】　在窗体上设计两个标签,两个文本框,三个按钮,为这些控件设置相应的属性,设计界面如图 2.8。功能要求如下:

- 第一个文本框用来接收输入一个大写英文字母,点击按钮一,在第二个文本框中输出其相应的小写英文字母;
- 第二个文本框用来接收输入一个小写英文字母,点击按钮二,在第一个文本框中输出其相应的大写英文字母;
- 点击按钮三清除文本框一和文本框二中的内容。

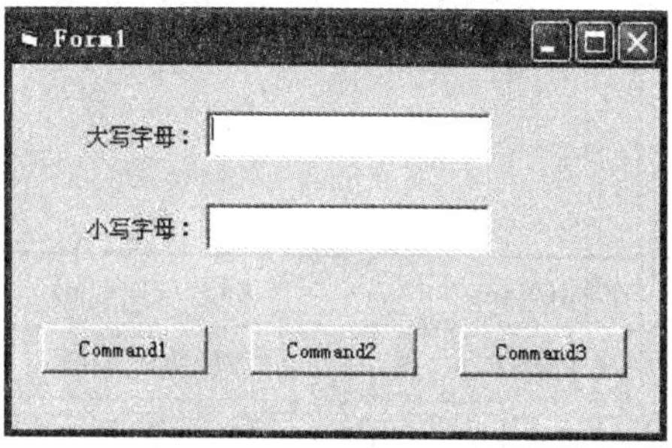

图 2.8　字母转换界面

【分析】　文本框中的字符可以通过 Text 属性获取。本题的原理是通过 Ucase 或者 Lcase 字符函数进行大小写字母的转换，然后再将转换结果显示在文本框中。

【实验步骤】

创建窗体并设置属性（略）。

程序代码如下：

```
Private Sub Command1_Click()
        Text2.Text=_____
End Sub


Private Sub Command2_Click()
        Text1.Text=_____
End Sub


Private Sub Command3_Click()
        Text1.Text=_____
        Text2.Text=_____
End Sub
```

实验 2-4　学会使用标签、文本框和命令按钮编写程序

【题目】　通过下面的例子来说明标签与文本框的用法。要求设计一窗体如图 2.9 所示，用于显示输入的姓名、性别、年龄。点击输入按钮进行文本框内容的清空，点击显示按钮则在最下面的标签 4 中显示输入的内容，点击退出按钮退出程序。

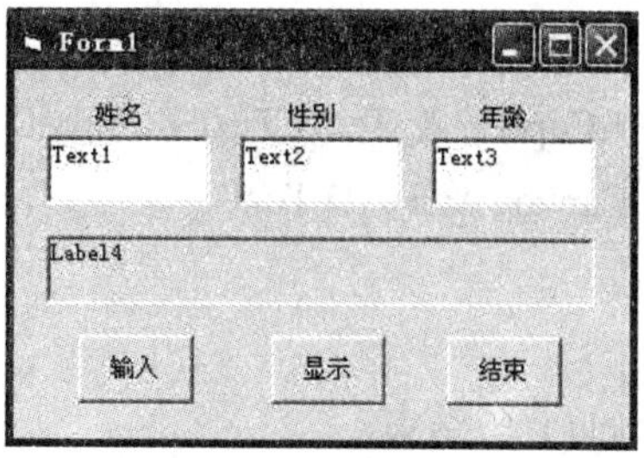

图 2.9　设计界面

【分析】 本例需要大家掌握文本连接的使用方法。如果将两端文本连接起来,需要用到文本连接符号"&"。

【实现步骤】

1. 对象属性设置见下表:

对　象	名称(Name)	标题(Caption)	文本(Text)
窗体	Form1	VB 测试系统	
文本框 1	Text1	无	空白
文本框 2	Text2	无	空白
文本框 3	Text2	无	空白
标签 1	Label1	姓名	无
标签 2	Label2	性别	无
标签 3	Label3	年龄	无
标签 4	Label4	无	空白
命令按钮 1	Command1	输入	无
命令按钮 2	Command2	显示	无
命令按钮 3	Command3	结束	无

2. 程序代码如下:

```
Private Sub Form_Load()
    Label4.Caption=""
End Sub


Private Sub Command1_Click()    '输入
    Text1.Text=""
    Text2.Text=""
    Text3.Text=""
    Text1.SetFocus
    Labe14.Caption="  "
End Sub


Private Sub Command2_Click()    '显示输入内容
    Label4.Caption=Label1.Caption & Text1.Text & Label2.Caption & _    '使用续行符
    Text2.Text & Label3.Caption & Text3.Text
End Sub


Private Sub Command3_Click()    '结束
```

```
        End
End Sub
```

实验 2-5　学会使用 Frame、Option、CheckBox 编写程序

【题目】　本程序是一个字体设置的程序，该程序用到单选框、复选框和框架。

（1）设计界面

在窗体中添加单选框若干、复选框若干、框架、标签等，界面如图 2.10 所示。

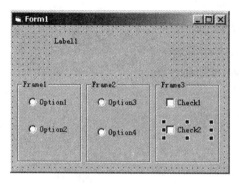

图 2.10　程序界面

（2）设置属性

设置各个控件的 Caption 属性，设置属性后的界面如图 2.11 所示。

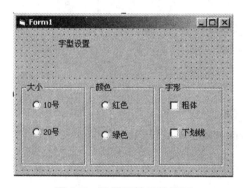

图 2.11　设置属性后的界面

（3）编写代码

编写代码如下：

```
Private Sub Form_Load()
    Option1.Value=True
    Option3.Value=True
    Label1.FontSize=10
    Label1.ForeColor=vbRed
End Sub
```

```
Private Sub Check1_Click()
    If Check1.Value=1 Then

        _____

    Else
        Label1.FontBold=False
    End If
End Sub

Private Sub Check2_Click()
    If Check2.Value=1 Then
        Label1. FontUnderline=True
    Else

        _____

    End If
End Sub

Private Sub Option1_Click()

    _____

End Sub

Private Sub Option2_Click()
    Label1.FontSize=20
End Sub

Private Sub Option3_Click()
    Label1.ForeColor=vbRed
End Sub

Private Sub Option4_Click()
    Label1.ForeColor=vbGreen
End Sub
```

(4) 保存程序
保存程序。
(5) 运行程序
运行程序,界面如图 2.12。

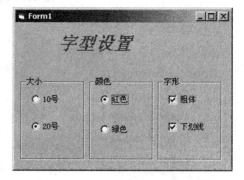

图 2.12　程序运行结果

实验 2－6　掌握列表框的使用

【题目】　在窗体上画一个列表框,名称为 C1,通过属性窗口向列表框中添加 4 个项目,分别为"AAAA"、"BBBB"、"CCCC"和"DDDD",然后再画一个文本框,名称为 Text1,编写适当的事件过程。程序运行后,如果双击列表框中的某一项,则把该项从列表框中删除,并移到文本框中。程序的运行情况如图 2.13 和图 2.14 所示。

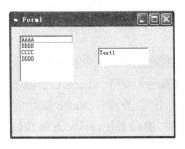
图 2.13　运行前

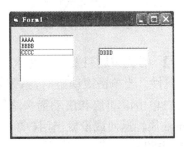
图 2.14　运行后

【分析】　首先按题目要求在窗体上画一个列表框、一个文本框,并分别设置它们的属性。列表框的 AddItem 方法是将项目(字符串表达式)添加到 ListBox(列表框)中;列表框的 RemoveItem 方法是在 ListBox 控件中删除指定的一项。ListCount 属性返回控件的部分列表项目个数;List 属性返回或设置列表框控件的部分列表的项目;List1.ListIndex 属性是返回选中列表项的索引值;Text 属性返回选中列表项的内容。

【实验步骤】

创建窗体并设置属性(略)。

程序代码如下:

```
Private Sub List1_Click()
        Text1.Text=List1.List(List1.ListIndex)
End Sub
```

【注意】　上属语句 List1.List(List1.ListIndex)等价于 List1.Text。

实验 2－7　掌握滚动条的使用

【题目】　在窗体上画一个名称为 HS1 的水平滚动条,其刻度值范围为 1~100,初始值为 50;然后画两个命令按钮,名称分别为 Cmd1、Cmd2,标题分别为"左移"、"右移",编写适当的事件过程。程序运行后,如果单击一次"左移"命令按钮,则滚动框向左移动 10 个刻度;而如果单击一次"右移"命令按钮,则滚动框向右移动 10 个刻度。同时在文本框中实时显示滚动条的刻度。程序的运行情况如图 2.15 和图 2.16 所示。

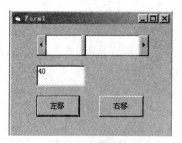

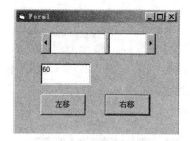

图 2.15　左移滚动条　　　　　图 2.16　右移滚动条

【分析】　首先按题目要求在窗体上画一个垂直滚动条和一个水平滚动条,并分别设置它们的属性。当单击滚动条时,系统就会触发 Change 事件。LargeChange 属性返回和设置当用户单击滚动块和滚动箭头之间的区域时,滚动条控件 Value 属性值的改变量;SmallChange 属性返回或设置当用户单击滚动箭头时,滚动条控件 Value 属性值的改变量。

【实验步骤】

创建窗体并设置属性(略)。

程序代码如下:

```
Private Sub Cmd1_Click()
    HS1.Value=_____
    Text1.Text=HS1.Value
End Sub


Private Sub Cmd2_Click()
    HS1.Value=_____
    Text1.Text=HS1.Value
End Sub
```

实验 2-8　菜单的设置

【题目】　在名称为 Form1,标题为"菜单练习"的窗体上,按下表的结构建立 1 个下拉菜单,生成的菜单结构如图 2.17 所示。

名称	标题	其他属性	名称	标题	其他属性
operation	操作	参考图示	count	统计	参考图示
input	输入	参考图示	bymonth	按月	参考图示
output	输出	参考图示	byweek	按周	参考图示
query	查询	参考图示			

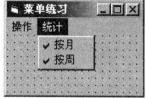

图 2.17　菜单下拉列表

【实验步骤】　略。

实验 2-9　菜单应用

【题目】　请编写适当的程序,使得选中"输出窗体标题"菜单项时,就在标签中显示窗体标题;选中"输出当前时间"菜单项时,在标签中显示当前系统时间。要求程序中不得使用变量,每个事件过程中只能写一条语句。

【实验步骤】

1. 界面设计及属性设置

在名称为 Form1,标题为"菜单演示"的窗体上画 1 个名称为 Label1、标题为空的标签;再建立 1 个菜单,菜单如图 2.18 所示。各菜单项的属性设置如下表。

标题	名称	缩进
附件	menu	无
输出窗体标题	Title	…
输出当前时间	Clock	…

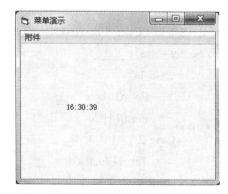

图 2.18　程序运行图

2. 添加程序代码

```
Private Sub Clock_Click()
    Label1.Caption=Format(Now, "hh:mm:ss")
End Sub
```

```
Private Sub Title_Click()
        Label1.Caption=Form1.Caption
End Sub
```

3. 执行程序并保存文件

实验 2-10 双窗体应用程序

【题目】 当单击"窗体 2"菜单命令时,隐藏 Form1,显示 Form2。单击"动画"菜单命令时,使小汽车开始移动,一旦移到窗口的右边界时自动跳到窗体的左边界重新移动。单击"退出"菜单命令时,结束程序运行。

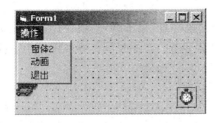

图 2.19 Form1

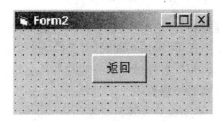

图 2.20 Form2

【实验步骤】

1. 界面设计及属性设置

程序含有名称分别为 Form1、Form2 的 2 个窗体。其中 Form1 上有 2 个控件(图像框和计时器)和 1 个菜单项"操作",含有 3 个菜单命令(如图 2.19 所示)。Form2 上有 1 个名称为 Command1、标题为"返回"的命令按钮(如图 2.20 所示)。

2. 完善程序代码

Form1:

```
Private Sub mnuOper_Click(Index As Integer)
        Select Case _____
                Case 1
                        Form2.Show
                        Form1.Hide
                Case 2
                        Timer1.Enabled=_____
                Case 3
                        End
        End Select
End Sub

Private Sub Timer1_Timer()
        Picture1.Left=Picture1.Left+100
```

```
    If Picture1.Left+Picture1.Width >=_____ Then
        Picture1.Left=
    End If
End Sub


Form2：
Private Sub Command1_Click()
    Form1.Show
    Form2.Hide
End Sub
```

3. 执行程序并保存文件

实验 2－11　多窗体应用程序

【题目】　设计一个包含 3 个窗体组成，第 1 个窗体 Form1 为主界面，第 2 个窗体 Form2 用于输入 2 门课成绩，第 3 个窗体 Form3 用于汇总成绩，参考界面如图 2.21 所示。

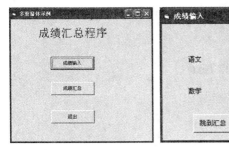 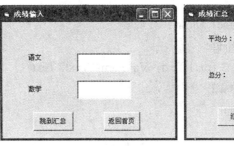 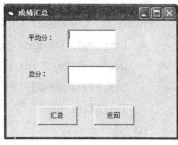

图 2.21(a)　Form1　　　　图 2.21(b)　Form2　　　　图 2.21(c)　Form3

【要求】　通过按钮切换两个窗体。

【实验步骤】

1. 窗体设计及属性设置（略）。

2. 添加程序代码：

多重窗体示例窗体：

```
Private Sub Command1_Click()
    Form1.Hide
    Form2.Show
End Sub


Private Sub Command2_Click()
    Form1.Hide
    Form3.Show
End Sub
```

```
Private Sub Command3_Click()
    End
End Sub
```

成绩输入窗体：
```
Private Sub Command1_Click()
    Form2.Hide
    Form1.Show
End Sub
```

```
Private Sub Command2_Click()
    Form2.Hide
    Form3.Show
End Sub
```

成绩汇总窗体：
```
Private Sub Command1_Click()
    Dim total As Single
    total=Val(Form2.Text1.Text)+Val(Form2.Text2.Text)
    Text1.Text=total/2
    Text2.Text=total
End Sub
```

```
Private Sub Command2_Click()
    Form3.Hide
    Form1.Show
End Sub
```
3. 执行程序并保存文件

第 3 章　Visual Basic 程序设计基础

目　的　和　要　求

- 掌握 VB 中常用数据类型的特征及表示范围。
- 熟悉 VB 中各类表达式的特点、运算优先级及结果的数据类型。
- 学习常用公共函数的功能及用法。
- 学习简单程序的设计方法。
- 掌握 InputBox 与 MsgBox 的用法。

3.1　考试真题

【例 3-1】　设有如下变量声明语句：

Dim a, b as Boolean

则下面叙述中正确的是＿＿＿＿＿。

　　A）a 和 b 都是布尔型变量　　　　　　B）a 是变体型变量,b 是布尔型变量
　　C）a 是整型变量,b 是布尔型变量　　D）a 和 b 都是变体型变量

答案：B

【例 3-2】　下列可作为 Visual Basic 变量名的是：＿＿＿＿＿。

　　A）A#A　　　　　B）4ABC　　　　　C）? xy　　　　　D）Print_Text

答案：D

【例 3-3】　下面可以产生 20～30(含 20 和 30)的随机整数的表达式是：＿＿＿＿＿。

　　A）Int(Rnd * 10+20)　　　　　　B）Int(Rnd * 11+20)
　　C）Int(Rnd * 20+30)　　　　　　D）Int(Rnd * 30+20)

答案：B

【例 3-4】　设 a=2,b=3,c=4,d=5,则下面语句的输出是＿＿＿＿＿。

Print 3 >2 * b Or a=c And b <>c Or c >d

　　A）False　　　　B）1　　　　　C）True　　　　D）-1

答案：A

【例 3-5】　语句 Print Sgn(-6^2)+Abs(-6^2)+Int(-6^2)的输出结果是＿＿＿＿＿。

　　A）-36　　　　　B）1　　　　　C）-1　　　　　D）-72

答案：C

【例 3－6】 以下关于局部变量的叙述中错误的是_____。

　　A）在过程中用 Dim 语句或 Static 语句声明的变量是局部变量

　　B）局部变量所在的作用域是它所在的过程

　　C）在过程中用 Static 语句声明的变量是静态局部变量

　　D）过程执行完毕，该过程中用 Dim 或 Static 语句声明的变量即被释放

答案：D

【例 3－7】 窗体上有一个 Text1 文本框，一个 Command1 命令按钮，并有以下程序。

```
Private Sub Command1_Click()
Dim n
If Text1.Text <>"123456" Then
    n=n+1
    Print "口令输入错误" & n & "次"
End If
End Sub
```

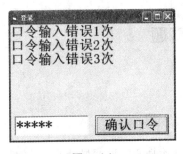
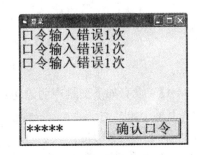

图 3.1(a)　　　　　　　　　　　　图 3.1(b)

　　希望程序运行时得到左图所示的效果，即：输入口令，单击"确认口令"命令按钮，若输入的口令不是"123456"，则在窗体上显示输入错误口令的次数。但上面的程序实际显示的是右图所示的效果，程序需要修改。下面修改方案中正确的是_____。

　　A）在 Dim n 语句的下面添加一句：n=0

　　B）把 Print "口令输入错误" & n & "次"改为 Print "口令输入错误"+n+"次"

　　C）把 Print "口令输入错误" & n & "次"改为 Print "口令输入错误" & Str(n) & "次"

　　D）把 Dim n 改为 Static n

答案：D

【例 3－8】 若在窗体模块的声明部分声明了如下自定义类型和数组

```
Private Type rec
    Code As Integer
    Caption As String
End Type
Dim arr(5) As rec
```

则下面的输出语句中正确的是_____。

　　A）Print arr.Code(2) ,arr.Caption(2)

　　B）Print arr.Code,arr.Caption

　　C）Print arr(2) .Code,arr(2) .Caption

　　D）Print Code(2) ,Caption(2)

答案：C

【例 3‐9】　下面程序运行时,若输入 395,则输出结果是_____。

Private Sub Command1_Click()

Dim x%

　　　x=InputBox("请输入一个 3 位整数")

　．Print x Mod 10,x\ 100,(x Mod 100)\ 10

End Sub

　　A）3 9 5　　　　　B）5 3 9　　　　　C）5 9 3　　　　　D）3 5 9

答案：B

【例 3‐10】　标准模块中有如下程序代码：

Public x As Integer, y As Integer

Sub var_pub()

　　　x=10: y=20

End Sub

在窗体上有 1 个命令按钮,并有如下事件过程：

Private Sub Command1_Click()

　　　Dim x As Integer

　　　Call var_pub

　　　x=x+100

　　　y=y+100

　　　Print x; y

End Sub

运行程序后,单击命令按钮,窗体上显示的是_____。

　　A）100　100　　　　B）100　120　　　　C）110　100　　　　D）110　120

答案：B

【例 3‐11】　把数学表达式 $\frac{5x+3}{2y-6}$ 表示为正确的 VB 表达式应该是_____。

　　A）(5x+3)/(2y-6)　　　　　　　　B）x*5+3/2*y-6

　　C）(5*x+3)÷(2*y-6)　　　　　　　D）(x*5+3)/(y*2-6)

答案：D

【例 3‐12】　执行以下程序段,

a$="Visual Basic Programming"

b$="C++"

c$=UCase(Left$(a$, 7)) & b$& Right$(a$, 12)

后,变量 c$ 的值为_____。

    A) Visual BASIC Programming   B) VISUAL C++ Programming

    C) Visual C++ Programming   D) VISUAL BASIC Programming

答案:B

【例 3-13】 以下关系表达式中,其值为 True 的是_____。

    A) "XYZ">"Xyz"   B) "VisualBasic"<>"visualbasic"

    C) "the"="there"   D) "Integer"<"Int"

答案:B

【例 3-14】 在窗体上画一个命令按钮,然后编写如下事件过程:

```
Private Sub Command1_Click()
MsgBox Str(123+321)
End Sub
```

程序运行后,单击命令按钮,则在信息框中显示的提示信息为_____。

    A) 字符串"123+321"   B) 字符串"444"

    C) 数值"444"   D) 空白

答案:B

【例 3-15】 设有如下程序:

```
Private Sub Form_Click()
Cls
a$="123456"
For i=1 To 6
     Print Tab(12-i); _____
Next i
EndSub
```

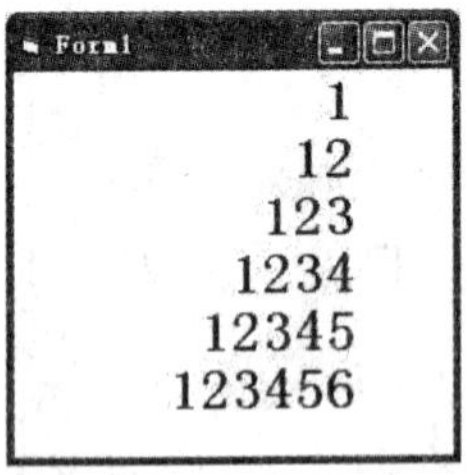

图 3.2

程序运行后,单击窗体,要求结果如图 3.2 所示,则在_____处应填入的内容为

    A) Left(a$, i)   B) Mid(a$, 8-i, i)   C) Right(a$, i)   D) Mid(a$, 7, i)

答案:A

【例 3-16】 在窗体上画一个名称为 Command1 的命令按钮。单击命令按钮时执行如下事件过程:

    a$="software and hardware"

b$=Right(a$, 8)

c$=Mid(a$, 1, 8)

MsgBox a$, , b$,c$, 1

则在弹出的信息框标题栏中显示的标题是_____。

A）software and hardware   B）hardware

C）software   D）1

答案：B

【例 3－17】 如果执行一个语句后弹出如图 3.3 所示的窗口，则这个语句是_____。

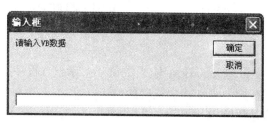

图 3.3

A）InputBox("输入框", "请输入 VB 数据")

B）x=InputBox("输入框", "请输入 VB 数据")

C）InputBox("请输入 VB 数据", "输入框")

D）x=InputBox("请输入 VB 数据", "输入框")

答案：D

【例 3－18】 下面不能在信息框中输出"VB"的是_____。

A）MsgBox "VB"   B）x=MsgBox("VB")

C）MsgBox("VB")   D）Call MsgBox "VB"

答案：D

【例 3－19】 下列叙述中正确的是_____。

A）MsgBox 语句的返回值是一个整数

B）执行 MsgBox 语句并出现信息框后，不用关闭信息框即可执行其他操作

C）MsgBox 语句的第一个参数不能省略

D）如果省略 MsgBox 语句的第三个参数（Title），则信息框的标题为空

答案：C

【例 3－20】 执行下列语句

strInput=InputBox("请输入字符串", "字符串对话框", "字符串")

将显示输入对话框。此时如果直接单击"确定"按钮，则变量 strInput 的内容是_____。

A）"请输入字符串"   B）"字符串对话框"

C）"字符串"   D）空字符串

答案：C

【例 3 - 21】 窗体上有一个名称为 Command1 的命令按钮，其事件过程如下：

```
Private Sub Command1_Click()
    x="VisualBasicProgramming"
    a=Right(x, 11)
    b=Mid(x, 7, 5)
    c=MsgBox(a, , b)
End Sub
```

运行程序后单击命令按钮，以下叙述中错误的是_____。

    A）信息框的标题是 Basic   B）信息框的提示信息是 Programming

    C）c 的值是函数的返回值   D）MsgBox 的使用格式有错

答案：D

【例 3 - 22】 设有语句 x=InputBox("输入数值","0","示例")，程序运行后，如果从键盘上输入数值 10 并按回车键，则下列叙述中正确的是_____。

    A）变量 x 的值是数值 10

    B）在 InputBox 对话框标题栏中显示的是"示例"

    C）0 是默认值

    D）变量 x 的值是字符串"10"

【答案】 D

【例 3 - 23】 在窗体上放置一个命令按钮，然后编写如下事件过程：

```
Private Sub Command1_Click()
    Dim a,b
    a=InputBox("请输入一个整数")
    b=InputBox("请输入一个整数")
    Print b+a
End Sub
```

程序运行后，单击命令按钮，在输入对话框中分别输入 321 和 456，输出结果为_____。

    A）321456   B）456321

    C）777   D）有语法错误，不能执行

【答案】 B

【解析】 "+"运算符有两个作用：对于字符串型运算数，执行字符串连接运算；对于数值型运算数，执行加法运算。InputBox 函数的返回值是字符串，所以执行字符串连接运算，即将字符串 a 连接到字符串 b 之后，结果为 456321。

3.2   上机指导

实验 3－1   变量的命名规则和类型声明

【题目】   验证合法的变量名称,为不同类型的数据进行赋值、输出。

【分析】   在一个 Dim 语句中定义多个变量时,每个变量都要用 As 子句声明其类型,否则该变量被视作变体类型。变量 c 没有被声明,所以也是变体类型。

变量名应该以字母开头,由字母、数字或下划线组成,长度小于等于 255 个字符;不要使用 VB 中的关键字。注意:VB 中不区分变量名的大小写。

【实验步骤】

1. 窗体设计

在窗体上放置两个 CommandButton 控件。

2. 添加程序代码

```
Private Sub Form_Click()
    Dim a, b As Integer
    d%=100
    Print TypeName(a), TypeName(b)
    Print TypeName(c), TypeName(d)
End Sub
Private Sub Command1_Click()
    Dim 2x as Integer          '①_____
    Dim _Log As Long           '②_____
    Dim s-ig As Single         '③_____
    Dim dob* As Double         '④_____
    Dim Na@me As String        '⑤_____
    Dim print As Boolean       '⑥_____
    Dim do As date             '⑦_____
End Sub
Private Sub Command2_Click()
    Dim c As String * 5
    c="professor"
    Print c
    c="A"
    Print c; "中间有 4 个空格"
End Sub
```

3. 运行工程,总结结论

记录错误类型,参见图 3.4,将出错的变量名称进行修改正确。

图 3.4　编译错误

分别为 Command1 事件过程中的 7 个不同类型的变量进行赋值,具体数据为:

① 132768(或-32768、-32769)

结果＿＿＿＿＿＿＿＿＿＿＿＿＿＿＿＿＿＿＿＿＿＿＿＿＿。

② 232768(或-32768、-32769)

结果＿＿＿＿＿＿＿＿＿＿＿＿＿＿＿＿＿＿＿＿＿＿＿＿＿。

③ 31234567.12345678(或 123456789.123、1.12345678)

结果＿＿＿＿＿＿＿＿＿＿＿＿＿＿＿＿＿＿＿＿＿＿＿＿＿。

④ 41234567.12345678(或 123456789.123、1.12345678)

结果＿＿＿＿＿＿＿＿＿＿＿＿＿＿＿＿＿＿＿＿＿＿＿＿＿。

⑤ 5"abf"(或"1234"、"123abc")

结果＿＿＿＿＿＿＿＿＿＿＿＿＿＿＿＿＿＿＿＿＿＿＿＿＿。

⑥ True(或 False、0、1、-1)

结果＿＿＿＿＿＿＿＿＿＿＿＿＿＿＿＿＿＿＿＿＿＿＿＿＿。

⑦ #10/06/2012#(或#Jun 10 2012#、#Jun-10-2012#、#Jun,10,2012#、#8:20:20 PM#)

结果＿＿＿＿＿＿＿＿＿＿＿＿＿＿＿＿＿＿＿＿＿＿＿＿＿。

例如,将变量名 2x 改为 x 后,第一条说明语句不再出错了。添加下列语句,对 x 赋值并输出。

x=32768

　　Print　x

在运行程序时,单击窗体会见到"溢出错误"(图 3.5)提示。出错的原因是:超出了整型数的表示范围-32768~32767。

图 3.5　运行错误提示

【思考】

（1）逻辑型数据"False"如果转换成数值会是_____？"True"是_____？反之，与数值"0"对应的 Boolean 值为_____，其他非 0 数值对应_____。

（2）从 Command2 的事件过程中可以看出：定长字符串变量在赋值时，会将超出长度部分_____，不足长度部分用_____填充。

实验 3-2　验证教材练习题中有关函数和表达式的运算结果

【题目】　使用立即窗口输出函数或表达式的值。

【分析】　使用立即窗口可以在中断状态下查询对象的值，也可以在设计时查询表达式或函数的值。

【实验步骤】

启动 Visual Basic6.0，打开一个新工程。如果 Visual Basic6.0 已经运行，单击"文件"——"新建工程"菜单命令，打开一个标准工程。

图 3.6　视图菜单

打开立即窗口的方法：

• 菜单操作：单击"视图"——"立即窗口"菜单命令（如图 3.6 所示）；

• 快捷键操作：按 Ctrl+G。

在立即窗口中可以直接给变量赋值，通过"？"（即 Print）将表达式的结果计算出来。每一行语句在按回车键后会立刻被执行，可以将光标移到上面执行过的行上（改变数值后），再次按回车键重复执行该行语句。

```
立即
a=3
b=4
c=5
?c mod a+6/10
 2.6
?a*b>0 and int(a)=a and int(b)=b
True
? int(-3.5),"ABC">"abc","a"<"ab"
-4              False              True
|
```

图 3.7　在立即窗口中的输出结果

【注意】　用"立即窗口"可以计算,但是代码不能用文件进行保存。你可以模仿上面的实验,通过 Form 或 CommandButton 的 Click 事件,编写简单的代码(如图 3.8 所示)。通过 Dim 语句说明变量后,用赋值语句或 Print 语句计算各类表达式的值并输出结果(如图 3.9 所示)。

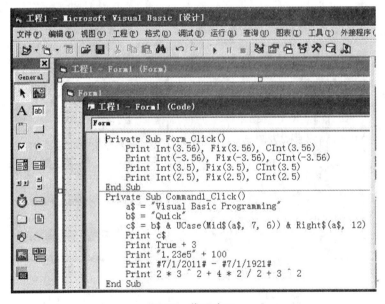

```
工程1 - Microsoft Visual Basic [设计]
文件(F) 编辑(E) 视图(V) 工程(P) 格式(O) 调试(D) 运行(R) 查询(Q) 图表(I) 工具(T) 外接程序(A)

General

工程1 - Form1 (Form)

Form1

工程1 - Form1 (Code)

Form

Private Sub Form_Click()
    Print Int(3.56), Fix(3.56), CInt(3.56)
    Print Int(-3.56), Fix(-3.56), CInt(-3.56)
    Print Int(3.5), Fix(3.5), CInt(3.5)
    Print Int(2.5), Fix(2.5), CInt(2.5)
End Sub
Private Sub Command1_Click()
    a$ = "Visual Basic Programming"
    b$ = "Quick"
    c$ = b$ & UCase(Mid$(a$, 7, 6)) & Right$(a$, 12)
    Print c$
    Print True + 3
    Print "1.23e5" + 100
    Print #7/1/2011# - #7/1/1921#
    Print 2 * 3 ^ 2 + 4 * 2 / 2 + 3 ^ 2
End Sub
```

图 3.8　代码窗口

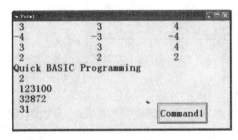

```
Form1
3                3                4
-4              -3               -4
3                3                4
2                2                2
Quick BASIC Programming
2
123100
32872
31                              Command1
```

图 3.9　运行结果

实验 3－3　练习书写 VB 表达式

【题目】 根据输入的半径长度计算圆周长和圆面积。

【分析】 在本题中设圆半径为 r,则圆周长 s=2πr,圆面积 area=πr²,需要定义 3 个单精度变量。而 π 在计算中多次出现,可以将其定义为符号常量 PI。由于 TextBox 文本框的 Text 属性为字符型,计算时应用 Val 函数进行转换。

图 3.10　计算圆周长和圆面积

【实验步骤】

1. 窗体设计

在窗体上放置三个标签(Label)、三个文本框(TextBox)和三个命令按钮(CommandButton)控件,如图 3.10 所示。

2. 属性设置

控件名称	属性名称	属性值
标签 1	Name	LblR
	Caption	输入半径:
标签 2	Name	LblS
	Caption	圆周长为:
标签 3	Name	LblA
	Caption	圆面积为:
文本框 1	Name	TxtR
	Text	
文本框 2	Name	TxtS
	Text	
文本框 3	Name	TxtA
	Text	
命令按钮 1	Name	CmdCalculate
	Caption	计算
命令按钮 2	Name	CmdClear
	Caption	清除
命令按钮 3	Name	CmdExit
	Caption	退出

0

3. 添加程序代码

```
Option Explicit                        '变量强制说明语句
Const PI As Single=3.141593            '说明 PI 为模块级符号常量
'以上代码要在"通用"(对象)部分"说明"(事件)中添加
Private Sub CmdCalculate_Click()
Dim r As Single, area As Single, s As Single    '说明变量
    r=Val(TxtR.Text)                   '接受输入
    s=_____                     '求圆周长
    area=_____                  '求圆面积
    TxtS=Str(s)                        '输出圆周长
    TxtA=Str(area)                     '输出圆面积
End Sub
Private Sub CmdClear_Click()
    TxtR.Text=""                       '文本框清空
    TxtS.Text=""
    TxtA.Text=""
    TxtR.SetFocus                      '将焦点置于 TxtR 中
End Sub
Private Sub CmdExit_Click()
    End
End Sub
```

4. 运行程序并保存文件

将代码中的下划线用相应的 VB 表达式替换,运行程序,观察结果,最后保存文件。

实验 3-4 字母大小写转换程序

【题目】 从键盘输入包含有大写字母的字符串,要求将所有大写字母改成小写字母输出。

【分析】

Visual Basic 提供了一个名为 LCase(x)的函数,其功能是将作为自变量的字符串中的所有大写字母转换小写字母。

【实验步骤】

图 3.11 是本程序的参考窗体界面,界面由两个标签(Label)、两个文本框(TextBox)和三个命令按钮(CommandButton)控件组成。请自行练习设计,并为窗体与每个控件对象设置相应的属性。

程序代码由三个命令按钮的单击事件过程组成。单击"清除"命令按钮,则将两个文本框的内容清空,并将焦点置于标签文字"转换前"的文本框中;单击"结束"按钮,结束程序运行;在"转换前"的文本框中输入包含有大写字母的字符串后,再单击"转换"按钮,利用 LCase(x)函数将输入字符串中的大写字母转换成小写字母,输出到"转换后"的文本框中。

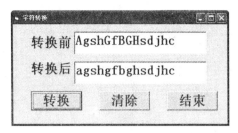

图 3.11　运行结果

请参考实验 3－3，自行编写程序代码。

实验 3－5　Int()、Rnd()、Left()、Mid()、Right()等函数的应用实例

【题目】　随机产生一个三位正整数，然后逆序输出，产生的数与逆序数分别显示在两个文本框中。

【分析】　随机数产生公式：Int((上限-下限+1)* Rnd)+下限。

思路一：使用算术运算符整除（"\"）和求余（Mod），分解数字。

思路二：使用字符串函数 Left()、Mid()、Right()来完成分解，但前提是先把产生的随机数转换成字符型数据。

【实验步骤】

1. 窗体设计

图 3.12 是本程序的参考窗体界面，界面由两个标签（Label）、两个文本框(TextBox)和两个命令按钮(CommandButton)控件组成。

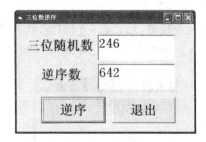

图 3.12　参考界面

2. 属性设置

请自行练习设计，并为窗体与每个控件对象设置相应的属性。

3. 添加程序代码

（方法一）：

```
Private Sub Command1_Click()
    Dim x As Integer
    Dim a As Integer, b As Integer, c As Integer
    x=Int(900*Rnd)+100
    Text1=CStr(x)
```

```
        a=x\100
        b=_____              '怎么计算十位上的数字？
        c=x Mod 10
        Text2=c & b & a
End Sub
```

（方法二）：
```
Private Sub Command1_Click()
        Text1=CStr(Int(900*Rnd)+100)
        Text2=Right(Text1, 1) & Mid(Text1, 2, 1) & Left(Text1, 1)
End Sub
```
"退出"按钮的代码请自行编写。

4. 运行并保存工程

【拓展】

1) 若将字符串连接语句 Text2=c & b & a 改为 Text2=a & b & c，程序运行结果一样吗？_____。为什么？_____。

2) 用 Right()和 Left()函数的嵌套使用来实现本题中 Mid()函数的功能。
```
Private Sub Command1_Click()
        Text1=CStr(Int(900*Rnd)+100)
        Text2=Right(Text1, 1) & _____ & Left(Text1, 1)
End Sub
```

实验 3-6 InputBox 函数和字形属性

【题目】 从键盘上输入两个数值，然后把它们相加，结果显示在文本框中。程序运行后，单击命令按钮，分别在输入对话框中输入 12345 和 67890，结果如图 3.13 所示。

图 3.13 运行界面

【分析】 显然这不是数值相加，而是字符串连接。为什么会这样呢？这是因为，用 InputBox 函数输入的数据是字符串，而"+"，既可以作为数值相加运算符，又可以作为字符串连接运算符。区别在于：当且仅当"+"前后的两个运算对象同时为字符类型时，作为字符串连接运算符使用。在本题中，num1+num2 实际上执行的是字符串连接操作，而非数值相加，因而出现了图 3.13 中的结果。

【实验步骤】

1. 窗体设计

在窗体上添加一个文本框(TextBox)和一个命令按钮(CommandButton)控件。

2. 属性设置

本题中的属性设置在代码中进行,不必在属性窗口中修改。

3. 添加程序代码

```
Private Sub Form_Load()
        Me.Caption="InputBox 函数功能实验"
        Text1.FontSize=14
        Text1.FontBold=True
        Text2.FontSize=14
        Text2.FontBold=True
        Text2.Visible=False
        Command1.Caption="计算并输出"
        Command1.FontSize=16
End Sub
Private Sub Command1_Click()
        num1=InputBox("请输入第一个数")
        num2=InputBox("请输入第二个数")
        Text1.Text=num1+num2
End Sub
```

4. 修改代码

为了真正实现数值相加,必须对输入的数据进行转换,即转换为指定类型的数值,这可以通过转换函数来实现。当然,也可以不考虑具体的类型,只是把它转换为数值类型,这可以通过 Val()函数来实现。把命令按钮事件过程改为:

```
Private Sub Command1_Click()
        num1=InputBox("请输入第一个数")
        num2=InputBox("请输入第二个数")
        Text1.Text=num1+num2
        num1=Val(num1)
        num2=Val(num2)
        Text2.Visible=True
        Text2.Text=num1+num2
End Sub
```

再次运行程序,单击命令按钮,分别在输入对话框中输入 12345 和 67890,结果如图3.14 所示。第一个文本框中显示的是未经类型转换的字符串数据进行连接的结果,第二个文本框中显示的是转换后数值相加的结果。

类似的问题还发生在文本框中,我们可以通过文本框来输入数据,但文本框中的数据都是字符串类型。因此,如果需要用文本框输入数值数据参与数值运算,则必须在运算前把它转换成数值类型。

本题的修改方法还有:把变量 num1 和 num2 显式声明为数值类型。

如,添加如下语句在 Command1 的单击事件过程中:

Dim num1 As Single

Dim num2 As Single

图 3.14　修改后运行界面

5. 保存文件

保存窗体和工程文件。

实验 3-7　掌握输入对话框的使用

【题目】　在窗体上画两个标签(名称分别为 Label1 和 Label2,标题分别为"身高"和"体重")、两个文本框(名称分别为 Text1 和 Text2,Text 属性均为空白)和一个命令按钮(名称为 Command1,标题为"输入"),如图 3.15 所示。然后编写命令按钮的 Click 事件过程,程序运行后,如果单击命令按钮,则先后显示两个输入对话框,在两个输入对话框中分别输入身高和体重,并分别在两个文本框中显示出来,如图 3.16 所示。

图 3.15　设计界面

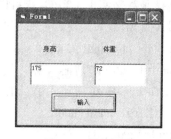

图 3.16　运行界面

【实验步骤】

1. 创建窗体并设置属性(略)

2. 程序代码如下:

```
Private Sub Command1_Click()
    Text1.Text=InputBox("输入身高", "身高")
    Text2.Text=InputBox("输入体重", "体重")
End Sub
```

实验 3-8　IsNumeric 函数以及消息对话框的使用

【题目】　工程中有 Form1 和 Form2 两个窗体。Form1 窗体外观如 3.17(a)所示。程序运行时,在 Form1 中名称为 Text1 的文本框中输入一个数值(圆的半径),然后单击命令按钮"计算并显示"(其名称为 Command1),则显示 Form2 窗体,且根据输入的圆的半径计算圆的面积,并在 Form2 的窗体上显示出来,如图 3.17(b)所示。如果单击命令按钮时,文本框中输入的不是数值,则用信息框显示"请输入数值数据!"。请填空。

(a)

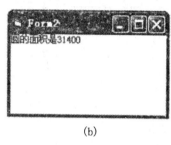
(b)

图 3.17　面积计算

```
Private Sub Command1_Click()
    If Text1.Text="" Then
        magbox "请输入半径!"
    ElseIf Not IsNumeric(   (1)   ) Then
        MsgBox "请输入数值数据!"
    Else
        r=Val(   (2)   )
        Form2.Show
        ___(3)___.Print "圆的面积是" & 3.14*r*r
    End If
End Sub
```

答案:(1) Text1.Text;(2) Text1.Text;(3) Form2

解析:IsNumeric 函数

功能:该函数返回 Boolean 值指明表达式的值是否为数字。

语法:IsNumeric(expression)

说明:如果整个 expression 被识别为数字,IsNumeric 函数返回 True;否则函数返回 False。如果 expression 是日期表达式,IsNumeric 函数返回 False。

实验 3-9　古代数学问题

【题目】　"鸡兔同笼"问题,即已知在同一笼子里鸡和兔的总数为 m 只,鸡和兔的总脚数为 n 只,求笼中鸡和兔各有多少只?

【分析】　由于每只鸡有 2 只脚,每只兔有 4 只脚。设有鸡 x 只,兔 y 只,根据数学知识可以写出如下的联立方程式:x+y=m 和 2x+4y=n。将方程变形为:x=(4m-n)/2 和 y=(n-2m)/2 用 InputBox()函数分别输入 m 和 n 的值,如图 3.18 所示。

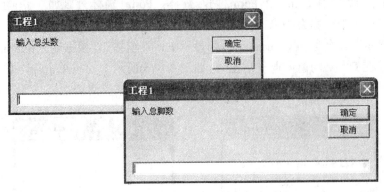

图 3.18　输入界面

【实验步骤】

1. 窗体设计

不必摆放控件,把代码输入到窗体的 Click 事件过程中即可。

2. 属性设置

无

3. 添加程序代码

Private Sub Form_Click()

　　　　Dim m As Integer, n As Integer

　　　　m=Val(InputBox("输入总头数:"))

　　　　n=Val(InputBox("输入总脚数:"))

　　　　x=＿＿＿＿＿＿＿＿

　　　　y=＿＿＿＿＿＿＿

　　　　Print "笼中有鸡"; x; "只,兔"; y; "只。"

End Sub

4. 运行工程,观察结果

程序运行后单击窗体,在输入对话框中分别输入 71(总头数)和 158(总脚数),程序将输出:笼中有鸡 63 只,兔 8 只。

请尝试分别输入 20 和 15,想想该如何对输入数据进行合法性检查,才能避免出现这种不合常理的结果。

5. 保存文件

保存窗体和工程文件。

实验 3-10　时间单位换算

【题目】　输入以秒为单位表示的时间,编写程序,将其换算成以天、时、分、秒表示。效果如图 3.19 所示。

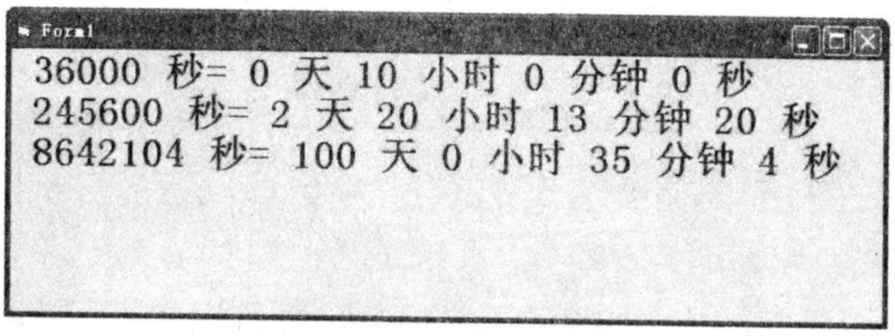

图 3.19　程序执行结果

【分析】　可以使用输入对话框将初始秒数输入,通过数学方法换算后,在窗体上输出结果。

【实验步骤】

1. 窗体设计

不必摆放控件,把代码输入到窗体的 Click 事件过程中即可。

2. 属性设置

无

3. 添加程序代码

```
Private Sub Form_Click()
    Dim x As Long, d As Long
    Dim s As Long, m As Long, h As Long
    x=Val(InputBox("请输入秒数"))
    s=x
    m=Int(s/60)
    s=s Mod 60
    h=m\ 60
    m=m Mod 60
    d=Int(h / 24)
    h=h Mod 24
    Print x; "秒="; d; "天"; h; "小时"; m; "分钟"; s; "秒"
End Sub
```

4. 运行工程,验证结果

程序运行后,单击窗体,在输入对话框中输入秒数,将在窗体上输出相应的天、小时、分钟和秒。

5. 保存窗体和工程文件

实验 3-11　对话框的使用

创建如图 3.20 所示的应用程序,要求:单击"确定"按钮后,弹出"是否继续",若单击"是",则文本框显示:"您按下的按钮是'是'";若单击按钮"否",则文本框显示:"您按下的是'否'"。单击"结束",则退出应用程序。

图 3.20 程序运行界面

注:MsgBox 函数返回值如下。

常数	值	操作
vbOK	1	确定
vbCancel	2	取消
vbAbort	3	终止
vbRetry	4	重试
vbIgnore	5	忽略
vbYes	6	是
vbNo	7	否

第4章 Visual Basic 控制结构

目 的 和 要 求

- 掌握单行结构、块结构以及 IIf 函数等选择结构的程序设计方法。
- 掌握 DO-Loop 结构语句和 For-Next 结构语句的用法。
- 掌握循环结构程序的设计方法。

4.1 考试真题

【例 4-1】 结构化程序所要求的基本结构不包括_____。

    A）顺序结构   B）GOTO 跳转

    C）选择（分支）结构   D）重复（循环）结构

答案：B

【例 4-2】 有如下程序：

```
Private Sub Form_Click()
    n=10
    i=0
    Do
    =i+n
    n=n-2
    Loop While n>2
    Print i
End Sub
```

程序运行后，单击窗体，输出结果为_____。

答案：28

【例 4-3】 设 a=5, b=6, c=7, d=8, 执行语句 x=IIf((a>b) And (c>d), 10, 20)后，x 的值是_____。

    A）10   B）20   C）30   D）200

答案：B

【例 4-4】 设有如下程序：

```
Private Sub Command1_Click()
```

```
Dim sum As Double, x As Double
sum=0
n=0
For i=1 To 5
    x=n/i
    n=n+1
    sum=sum+x
Next
End Sub
```

该程序通过 For 循环计算一个表达式的值，这个表达式是 _____。

A）1+1/2+2/3+3/4+4/5   B）1+1/2+2/3+3/4

C）1/2+2/3+3/4+4/5   D）1+1/2+1/3+1/4+1/5

答案：C

【例 4－5】 下面的程序执行时，可以从键盘输入一个正整数，然后把该数的每位数字按逆序输出。例如：输入 7685，则输出 5867，输入 1000，则输出 0001。请填空。

```
Private Sub Command1_Click()
Dim x As Integer
x=InputBox("请输入一个正整数")
While x>=  (1)
Print x Mod 10;
x=x\10
Wend
Print   (2) ;
End Sub
```

答案：(1) 10； (2) x

【例 4－6】 在窗体上画 1 个名称为 Command1 的命令按钮，然后编写如下程序：

```
Private Sub Command1_Click()
Dim m As Integer, x As Integer
Dim flag As Boolean
flag=False
n=Val(Intputbox("请输入任意 1 个正整数"))
Do While Not flag
    a=2
    flag=  (1)
    Do While flag And a <=Int(Sqr(n))
        If n / a=n \ a Then
            flag=False
        Else
```

```
        (2)
      End If
    Loop
    If Not flag Then n=n+1
  Loop
  Print    (3)
End Sub
```

上述程序的功能是,当在键盘输入任意的 1 个正整数时,将输出不小于该整数的最小素数。请填空完善程序。

例题分析:

答案:(1) Ture ;(2) a=a+1 ;(3) n

【例 4－7】　窗体上有一个名称为 List1 的列表框,一个名称为 Text1 的文本框,一个名称为 Label1、Caption 属性为"Sum"的标签,一个名称为 Command1、标题为"计算"的命令按钮。程序运行后,将把 1～100 之间能够被 7 整除的数添加到列表框中。如果单击"计算"按钮,则对 List1 中的数进行累加求和,并在文本框中显示计算结果,如图 4.1 所示。以下是实现上述功能的程序,请填空。

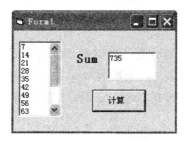

图 4.1　运行结果

```
Private Sub Form_Load()
    For i=1 To 100
        If i Mod 7=0 Then
             (1)
        End If
    Next
End Sub
Private Sub Command1_Click()
    Sum=0
    For i=0 To    (2)
        Sum=Sum+    (3)
    Next
    Text1.Text=Sum
End Sub
```

答案：(1) List1.AddItem i； (2) List1.ListCount -1； (3) List1.List(i)

4.2 上机指导

实验 4-1 双分支结构实现判断奇偶数

【题目】 输入一个正整数,编写程序判断该数是奇数还是偶数。程序参考界面如图 4.2 所示。

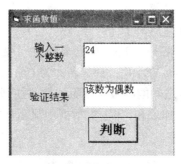

图 4.2 判断奇偶数

【分析】 这是一个典型的双分支结构问题。可以利用 Mod 运算符来判断一个整数是否是偶数。当一个整数 n 除以 2 的余数为 0(即 n mod 2=0)时,就可断定是一个偶数,否则 n 就是一个奇数。利用 VB 的 If-Then-Else-End If 结构语句可以实现。

【实验步骤】

1. 窗体设计

根据参考界面,需要在窗体上添加两个标签(Label)、两个文本框(TextBox)和一个命令按钮(Command)。

2. 属性设置

参照程序的界面和给定代码设置每个控件对象的相应属性。

控件名称	属性名称	属性值
窗体	Name	Form1
	Caption	求函数值
标签 1	Caption	输入一个整数
标签 2	Caption	验证结果
文本框 1	Name	TxtNum
文本框 2	Name	TxtJudge
命令按钮 1	Name	Cmd1

3. 添加程序代码

```
Option Explicit
Private Sub Cmd1_Click()
        Dim n As Integer
        n=TxtNum.Text
        If _____ Then
                TxtJudge.Text="该数为偶数"
        Else
                _____
        End If
End Sub
```

4. 运行工程,总结结论

分别输入奇数和偶数验证程序运行结果是否正确。

5. 保存文件

保存窗体和工程文件。

实验 4-2　使用 IIf 函数也可以实现简单的双分支选择结构

【题目】　用 IIf 函数实现 4-1。

【分析】　使用 IIf 函数也可以实现简单的双分支选择结构。语句格式如下:

result=IIF(条件表达式,<表达式 1>,<表达式 2>)

语句说明:

(1)"result"是函数的返回值:当条件表达式为 True 时,函数返回<表达式 1>的值,当条件表达式为 False 时,函数返回<表达式 2>的值。

(2)<表达式 1>和<表达式 2>可以是任何表达式。

例如:语句 If x>y Then max=x Else max=y 也可写成:

Max=IIf(x>y,x,y)

【实验步骤】

根据上述分析,需要补充完善的代码如下:

```
Private Sub Cmd1_Click()
        Dim n As Integer, t As String
        n=TxtNum.Text
        t=IIf(_____, "该数为偶数", "该数为奇数")
        TxtJudge.Text=t
End Sub
```

实验 4-3　使用多分支结构编写程序。

【题目】　从文本框输入 x,根据以下情形求 y 的值,程序参考界面如图 4.3 所示。

y=0;　　　当 x≤0 时

y=2x+1;　　当 0<x<5 时

y=x2－1;　　当 x≥5 时

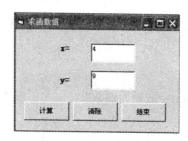

图 4.3　计算函数值

【分析】　程序运行后从文本框输入数据进行判断,程序中使用了嵌套 if 语句,在最外层 if 语句已判 x<=0 则其 else 分支就隐含 x>0,所以针对 0<x<5 的情况就只要判 x<5 即可,之后的 else 也同理,这样可简化判断。

【实验步骤】

窗体界面由两个标签控件(Label)、两个文本框控件(TextBox)和三个命令按钮组成。请自行练习设计,并参考下面的程序代码为窗体与每个控件对象设置相应的属性。

需要补充完善的程序代码如下:

```
Option Explicit
Private Sub Cmd1_Click()
    Dim x As Single, y As Single
    x=Text1.Text
    If x <=0 Then

        ——————————
    ElseIf x <5 Then

        ——————————
    Else

        ——————————
    End If
    Text2.Text=y
End sub


Private Sub Cmd2_Click()
    Text1.Text="" : Text2.Text="" : Text1.SetFocus        '多条语句写在一行
End Sub


Private Sub Cmd3_Click()
    End
End Sub
```

实验 4-4　IF 语句的嵌套

【题目】　编制一程序,对输入的成绩作出是否及格的判断。

【要求】　输入分数后,按回车键即可得到是否及格的判断结果。单击"清除"后将两个文本框内容清空,并将焦点设置在输入分数的文本框中。

【分析】　判断代码应加在输入分数文本框的按键事件 KeyPress 中,对每一个按键的 ASCII 码用系统提供的参数 KeyAscii(接受的是用户单击时产生的 ASCII 码值)进行判断,当用户按下回车时,表示输入数据的结束,紧接着执行判断成绩是否及格的代码。

【实验步骤】

1. 窗体设计

在窗体上放置两个 Label 控件、两个 TextBox 控件和两个 CommandButton 按钮,如图 4.4 所示。

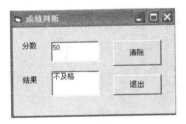

图 4.4　成绩判断

2. 属性设置

参照程序的界面和下面给定的代码为每个控件对象设置相应的属性。请自行练习设计。

3.添加程序代码

```
Private Sub Txtscore_KeyPress(KeyAscii As Integer)
If KeyAscii=13 Then              ' 回车键的 ASCII 码值为 13
    If Val(txtScore.Text)>60 Then
        TxtPass.Text="及格"
    Else
        TxtPass.Text="不及格"
    End If
End If
End Sub

Private Sub CmdClear_Click()
txtScore.Text=""
TxtPass.Text=""
txtScore.SetFocus               ' 将焦点设置在"分数"文本框中
```

End Sub

Private Sub CmdExit_Click()
Unload Me
End Sub

4. 运行程序

运行程序,并观察执行结果。

5. 保存文件

保存窗体文件和工程文件。

【思考】 用文本框的 txtScore 的 Change 事件,能实现题目的要求吗?

实验 4-5 计算职工工资

【题目】 编写程序,计算职工的实发工资。计算工资公式如下:

离退休人员:实发工资=基本工资+职称补贴

在职人员:实发工资=基本工资+职称补贴-税收

税收标准:(收入-1 000)* 税率

收入 s(基本工资+职称补贴)	税率
0<s≤1 000	0
1 000<s≤2 000	0.1
2 000<s≤3 000	0.2
3 000 以上	0.3

【要求】

(1) 程序参考界面如图 4.5 所示,对象名称:标签以为 lab 前缀,文本框以 txt 为前缀,命令按钮以 cmd 为前缀。

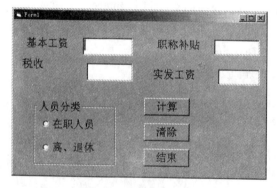

图 4.5 程序参考界面

(2) 单击"计算"按钮,计算税收、实发工资并显示在相应的文本框中。

(3) 单击"清除"按钮,清除所有文本框的内容。

(4) 单击"结束"按钮,结束程序运行。

(5) 以 Frm4_5 的名字和 Prj4_5 的名字分别将窗体和工程保存到 D 盘的根目录。

请根据以上要求自行完成设计。

实验 4-6 累加、累乘问题

【题目】 求 1 到 100 的和。

【实验步骤】

创建窗体并设置属性(略)

程序代码如下:

```
Private Sub Command1_Click()
Dim i As Integer, sum As Integer
sum=0        '给变量 sum 赋初值 0
For i=1 To 100
sum=sum+i          '累加
Next i
Print sum
End Sub
```

【拓展】 若要将上例的求和问题改为求积,如求 10!,应如何编写代码?

【注意】

(1) 一般在循环体内不要修改循环变量的值,否则会影响原有的循环控制状况。

例如以下程序段:

```
For i=1 To 5
    If i Mod 2=0 Then i=i+1
    Print i;
Next i
```

程序执行打印结果为:1   3   5

循环体执行了 3 次,若没有第二行,程序应执行 5 次。

(2) 如果在循环体中没有修改循环变量的值,则循环的次数可以从 For 语句中指定的参数直接计算出来:

循环次数=Int((循环终值-循环初值)/步长)+1

如:

```
For i=1 To 10 Step 3
    Print i;
Next i
```

循环次数=int((10-1)/3)+1=4

实验 4-7 Fibonacci 数列求解

【题目】 求 Fibonacci 数列的前 30 个数。这个数列有如下特点:前两个数为 1,从第三个数开始,其值是前两个数的和,即:

$F_1=1$ (n=1)

$F_2=1$ （n=2）

$F_n=F_{n-1}+F_{n-2}$ （n≥3）

【实验步骤】

创建窗体并设置属性（略）

程序代码如下：

```
Private Sub Command1_Click()
Dim i As Integer
Dim f1 As Long, f2 As Long, fn As Long
f1=1
f2=1
Print f1,
Print f2,
For i=3 To 30          'f1,f2 已知，从第三个数开始计算
fn=f1+f2
f1=f2
f2=fn                  '更改 f1,f2 的值
Print fn,
If i Mod 4=0 Then Print     '打印 4 个数后换行打印
Next
End Sub
```

运行结果如图 4.6 所示。

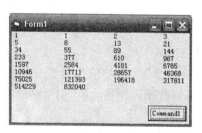

图 4.6　运行结果

实验 4-8　求解最大公约数

【题目】　用辗转相除法求两正整数 m,n 的最大公约数。

【分析】　求最大公约数的算法如下：

（1）m 除以 n 得余数 r；

（2）令 m←n,n←r；

（3）若 r≠0,转到（1）继续执行,直到 r=0 求得最大公约数为 m,循环结束。

【实验步骤】

创建窗体并设置属性（略）

程序代码如下：

```
Private Sub Form_Click()
Dim m%,n%,m1%,n1%,t%,r%        '隐式声明变量类型
m=InputBox("输入 m")
n=InputBox("输入 n")
m1=m
n1=n
Do                             '1
r=m Mod n                      '2
m=n                            '3
n=r
Loop while (r <>0)             '4
Print m1; ","; n1; "的最大公约数为"; m    '5
End Sub
```

【思考】 上述注释 1－5 的代码部分可以更改为下面的程序段吗？

```
r=m Mod n
Do While r <>0
    M=n
    n=r
Loop
Print m1; ","; n1; "的最大公约数为";n
```

实验 4－9 循环结构的嵌套

【题目】 输出 2~100 之间的素数。

【分析】 素数，就是只能被 1 和本身整除的正整数。判断某数 m 是否为素数的算法是：对于 m 从 i=2,3,…,m-1 判别 m 能否被 i 整除，只要有一个能整除，m 就不是素数，否则 m 是素数。

【实验步骤】

创建窗体并设置属性（略）

程序代码如下：

```
Private Sub Form_Click()
Dim m As Integer, i As Integer, k As Integer, Flag As Boolean
For m=2 To 100

    _____
    For i=2 To m-1        '内循环判断 m 是否为素数
        If m Mod i=0 Then Flag=False
    Next i
    If _____ Then
```

```
            k=k+1
            Print m;
            If k Mod 10=0 Then Print   '每行显示 10 个
        End If
    Next m
    End Sub
```

【思考】

（1）实际上 m 不可能被大于 int(m/2)的数整除，因此为减少循环次数，可将内循环语句改为：

```
        For i=2 To int(sqr(m))
```

循环次数就会大大减少。

（2）实际上内侧循环在执行到 If m Mod i=0 Then Flag=False 可以提前退出内侧循环，为什么？

【注意】

（1）内外循环不能交叉。

例如，以下程序段是错误的：

```
For i=1 to 10                              For i=1 to 10
    For j=1 to 10        应改为：              For j=1 to 10
        …                                         …
    Next i                                    Next j
Next j                                    Next i
```

（2）两个并列的循环结构的循环变量可以同名，但嵌套结构中的内循环变量不能与外循环变量同名。例如：

正确的程序段	错误的程序段

```
For i=1 to 10                    For i=1 to 10
    …                                For i=1 to 10
Next i                                   …
For i=1 to 10                        Next i
    …                            Next i
```

(3) 举一反三：

① 找出 1000 以内的超完数。设符号 $\Phi(N)$ 表示 N 的所有因子（包括 N）的和；若 $\Phi(\Phi(N))=2N$，则 N 就是一个超完数。例如 16 的因子和为：1+2+4+8+16=31;而 31 的因子和为：1+31=32;32=2*16,故 16 是超完数。

② 找出 2000 以内这样的整数 N:它的不同值因子（包括 1、N）之和是一个素数。如 16 的因子之和为：1+2+4+8+16=31;31 就是一个素数（满足条件的有 2、4、9、16、25、64、289、729、1681）。

实验 4－10　数值问题

【题目】　利用公式 $\frac{\pi}{4} \approx 1-\frac{1}{3}+\frac{1}{5}-\frac{1}{7}+\cdots$，求 π 的近似值，直到最后一项的绝对值小于等于 10^{-6} 为止。

【分析】　累加、累乘是较常见的数值问题。累加（累乘）是将多个数相加（乘），所以一般采用循环结构来实现。在循环体中应有表示累加（如 sum=sum+x）或累乘（如 t=t*i）的赋值语句。需要注意的是，累加中用于存放和的变量一般赋初值为 0，而累乘中用于存放积的变量赋初值为 1。

该题是一个累加问题，每次要加的数据项为一分式，分式的分母按步长为 2 进行递增，分式呈正负交替。循环次数未知，由某项的值是否达到指定的精度来决定循环与否。

【实验步骤】

1. 创建窗体并设置属性（略）。

2. 程序代码如下：

```
Private Sub Form_Click()
Dim n As Long
Dim pi As Single, t As Single, s As Single
pi=0
s=1
t=1
n=1
Do While (Abs(t)>0.00001)
pi=pi+t
n=n+2        '分母的值每次加 2
s=-s         '数据项符号的正负交替变化
t=s/n        '计算数据项的值
Loop
pi=pi * 4
Print pi
End Sub
```

实验 4－11　阶乘的累加

【题目】　求 1! +2! +⋯+n! ,n 由键盘输入。

【分析】　该题先求阶乘，再将阶乘值累加。循环次数由用户输入确定（即 n 的值）。

【实验步骤】

1. 创建窗体并设置属性（略）。

2. 程序代码如下

```
Private Sub Form_Click()
```

```
Dim s as double,t as double,n as integer
s=0
t=1
n=InputBox("请输入 n 的值")
For i=1 to n
    t=t*i                    ' 求 i!并赋给变量 t
    s=s+t
Next i
Print "1!+2!+…+";n;"!=";s
End Sub
```

实验 4-12　求最大值与最小值

【题目】　产生 10 个两位的随机整数,输出它们的最大值。

【分析】　求若干数的最大值(最小值),其算法思想是:先取第一个数作为最大值(最小值)的初值,然后依次将下一个数和它比较,若比它大(小),将该数替换为最大值(最小值)。用变量 max 保存最大值,其初值为第一个数,然后依次将 max 与下一个数比较,若该数比 max 大,则修改 max 的值为该数。两位随机整数可以通过 Rnd 函数产生。

【实验步骤】

1. 创建窗体并设置属性(略)

2. 程序代码如下:

```
Private Sub Form_Click()
Dim i As Integer,x As Integer,max As Integer
Randomize
Print   "10 个随机整数:"
x=Int(Rnd*90)+10
Print x;
max=x                    ' 将第一个数作为初值赋给 max
for i=2 to 10
    x=Int(Rnd*90)+10
    if x>max Then max=x
    Print x;
Next i
Print
Print "最大值为:";max
End Sub
```

实验 4-13　穷举法

【题目】　求 100~999 之间的所有"水仙花数"。"水仙花数"是一个三位数,其各位数字的立方和等于该数本身。例如:153=13+53+33,153 是一个水仙花数。

【分析】　穷举的基本思想是:对要解决的问题的所有可能情况一一检查,从中找到符合要求的答案。采用穷举法对指定范围内的每一个数进行判断它是否为水仙花数。判断一个数是否为水仙花数的关键是如何将此数的各位数字分离出来。如对于数据 153,可采用下面的方法分离其各位数字:

(1) int(153/100),得到百位数字 1。

(2) int((153-1*100)/10),得到十位数字 5。

(3) 153-1*100-5*10,得到个位数字 3。

【实验步骤】

1. 创建窗体并设置属性(略)

2. 程序代码如下:

```
Private Sub Form_Click()
Dim i%,a%,b%,c%
For i=100 to 999
    a=int(i/100)
    b=int((i-a*100)/10)
    c=i-a*100-b*10
    If i=a*a*a+b*b*b+c*c*c Then    Print i;
Next i
End Sub
```

运行结果如下:

153   370   371   407

实验 4 – 14　For-Next 循环结构

【题目】　如图 4.7 所示的窗体上有一个名为 List1 的列表框(允许做多项选择),一个名称为 Text1 的文本框,三个命令按钮,标题分别为"求全部项目和","求选定项目之和","删除选定项目"。

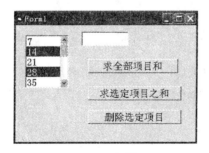

图 4.7　运行界面

【要求】

(1) 程序运行后,将把 1～100 之间能够被 7 整除的数添加到列表框中。

(2) 单击"求全部项目和"按钮,则对 List1 中的数进行累加求和,并在文本框中显示计算结果。

(3) 单击"求选定项目之和"按钮,则对 List1 中的选中的项目进行累加求和,并在文本框中显示计算结果。

(4) 单击"删除选定项目"按钮,则删除 List1 中的选中的项目。

以下是部分程序代码,请完善程序。

【程序代码】

```
Private Sub Form_Load()          '生成数据
For i=1 To 100

    _____

List1.AddItem i
End If
Next i
End Sub


Private Sub Command1_Click()          '求全部项目和
Sum=0
For i=1 To _____
Sum=Sum+i
Next i
Text1.Text=Sum
End Sub


Private Sub Command2_Click()          '求选定项目和
For i=0 To List1.ListCount-1
If List1.Selected(i)=True Then Sum1= _____
Next
Text1.Text=Sum1
End Sub


Private Sub Command3_Click()          '删除选定项目
For i=List1.ListCount -1 To 0 Step -1
    If List1.Selected(i)=True Then _____
Next
End Sub
```

实验 4－15　消息对框框及分支结构

【题目】　设计一个验证密码的程序(如图 4.8 所示)。假定密码为"abc",用户输入是否正确请用消息框来给予提示（如图 4.9 所示）。如果密码输入错误，提示是否重新输入（如图 4.10 所示），但只能最多进行三次重新输入，一旦密码输入次数超过三次，程序给出警告提示（如图 4.11 所示），并结束。

图 4.8

图 4.9

图 4.10

图 4.11

【程序代码】

```
Option Explicit
Private Sub Command1_Click()
    Dim ansinf As Integer
    Static i As Integer
    If Text1.Text="abc" Then
        Form1.Hide
        ansinf=MsgBox("密码正确，欢迎进入本程序!", 64, "密码正确")
    Else
        ansinf=MsgBox("密码错误,是否重新输入?", 36, "错误提示")
    End If
    If ansinf=6 Then
        i=i+1
        Text1.Text=""
        Text1.SetFocus
    ElseIf ansinf=7 Then
        End
    End If
    If i=3 Then
        ansinf=MsgBox("你是非法用户,程序即将退出!", 16, "严重错误")
        End
```

```
        End If
End Sub

Private Sub Command2_Click()
Text1.Text=""
End Sub

Private Sub Command3_Click()
End
End Sub

Private Sub Text1_KeyPress(KeyAscii As Integer)
    ' 在文本框输入完密码后按下"回车键",调用 Command1 事件过程。
    If KeyAscii=13 Then
        Call Command1_Click
    End If
End Sub
```

第5章 数 组

目 的 和 要 求

- 掌握数组的定义方法。
- 掌握静态数组与动态数组的使用方法。
- 掌握控件数组的使用方法。

5.1 考试真题

【例5-1】 语句 Dim a(-3 To 4,3 To 6)As Integer 定义的数组的元素个数是_____。

    A）18   B）28   C）21   D）32

答案：D

【例8-2】 在窗体上画一个命令按钮，名称为 Command1，然后编写如下代码：

```
Option Base 0
Private Sub Command1_Click()
    Dim A1(4) As Integer, A2(4) As Integer
    For k=0 To 2
        A1(k+1)=InputBox("请输入一个整数")
        A2(3-k)=A1(k+1)
    Next k
    Print A2(k)
End  Sub
```

程序运行后，单击命令按钮，在输入对话框中依次输入 2、4、6 则输出结果为_____。

    A）0   B）1   C）2   D）3

答案：C

【例5-2】 1个二维数组可以存放1个矩形。在程序开始有语句 Option Base 0，则下面定义的数组中正好可以存放1个 4 * 3 矩阵(即只有 12 个元素)的是_____。

    A）Dim a(-2 To 0,2) AS Integer   B）Dim a(3,2) AS Ingeger

    C）Dim a(4,3)AS Ingeger   D）Dim a(-1 To 4,-1 To 3)AS Ingeger

答案：B

【例5-3】 在窗体上画一个名称为 Command1 的命令按钮，然后编写如下程序：

```
Private Sub Commandl Click()
    Dim i As Integer, j As Integer
    Dim a (10,10)As Integer
    For i=1 To 3
        For j=1 To 3
            a(i,j)=(i-1)*3+j
            Print a (i,j);
        Next j
        Print
    Next i
End Sub
```

程序运行后,单击命令按钮,窗体上显示的是_____。

A) 1 2 3	B) 1 4 7	C) 2 3 4	D) 1 2 3
4 5 6	2 5 8	3 4 5	2 4 6
7 8 9	3 6 9	4 5 6	3 6 9

答案:A

【例 5-4】 下面正确使用动态数组的是_____。

A) Dim arr() As Integer

    ···

    ReDim arr(3,5)

B) Dim arr() As Integer

    ···

    ReDim arr(50)As String

C) Dim arr()

    ···

    ReDim arr(50) As Integer

D) Dim arr(50) As Integer

    ···

    ReDim arr(20)

答案:A

【例 5-5】 有以下程序:

```
Option Base 1
Dim arr() As Integer
Private Sub Form_Click()
    Dim i As Integer,j As Integer
    ReDim arr(3,2)
    For i=1 To 3
        For j=1 To 2
```

```
        arr (i,j)=i * 2+j
      Next j
   Next i
   ReDim Preserve arr(3,4)
   For j=3 To 4
        arr(3,j)=j+9
   Next j
   Print arr(3,2);arr(3,4)
End Sub
```

程序运行后,单击窗体,输出结果为_____。

　　A）8 13　　　　　　B）0 13　　　　　　C）7 12　　　　　　D）0 0

答案:A

【例 5-6】　设窗体上有一个命令按钮数组,能够区分数组中各个按钮的属性是_____。

　　A）Name　　　　　　B）Index　　　　　　C）Caption　　　　　　D）Left

答案:B

【例 5-7】　假定通过复制,粘贴操作建立了一个命令按钮数组 Command1,以下说法中错误的是_____。

　　A）数组中每个命令按钮的名称(Name 属性)均为 Command1

　　B）若未做修改,数组中每个命令按钮的大小都一样

　　C）数组中各个命令按钮使用同一个 Click 事件过程

　　D）数组中每个命令按钮的 Index 属性值都相同

答案:D

【例 5-8】　若在某窗体模块中有如下事件过程

Private Sub Command1_Click(Index As Integer)

　　……

End Sub

则以下叙述中正确的是_____。

　　A）此事件过程与不带参数的事件过程没有区别

　　B）有 1 个名称为 Command1 的窗体,单击此窗体则执行此事件过程

　　C）有 1 个名称为 Command1 的控件数组,数组中有多个不同类型控件

　　D）有 1 个名称为 Command1 的控件数组,数组中有多个相同类型控件

答案:D

【例 5-9】　在窗体上先画 1 个名为 Text1 的文本框和一个名为 Label1 的标签,再画 1 个名为 OP1 的有 4 个单选按钮数组,其 Index 属性按季度顺序为 0~3(见图 5.1)。在文件 sales.txt 中按月份顺序存有某企业某年 12 个月的销售额。要求在程序执行时,鼠标单击 1 个单选按钮,则 Text1 中显示相应季度的销售总额,并把相应的文字显示在标签上。请填空。

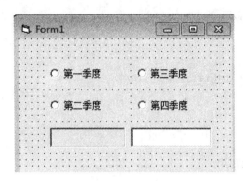

图 5.1　窗体界面

```
Dim sales(12) As Long
Private Sub Form__Load()
    open "sales.txt" For Input As #1
    For k=1 To 12
        Input #1,sales(k)
    Next k
    Close #1
End Sub


Private Sub    (1)    (Index As Integer)
    Dim sum As Long, k As Ingeger, month As Ingeger
      sum=0
    month=Index*    (2)
    For k=1 To 3
        month=month+1
        sum=sum+sales(month)
    Next k
    Labell.Caption=Opl(Index).    (3)    & "销售总额:"
    Text1=sum
End Sub
```
答案:(1) OP1_Click　(2) 3　(3) Caption

5.2　上机指导

实验 5−1　平均分、总分、最高分、最低分

【题目】　编写程序,实现输入某小组 5 位同学的成绩,在窗体上打印出总分和平均分

（保留一位小数），运行结果如图 5.2 所示。

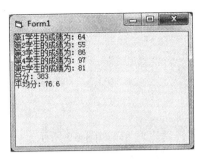

图 5.2 运行结果图

【分析】 利用 InputBox 函数输入成绩，并把成绩保存到一维数组中，然后计算一维数组的总分和平均分，再利用 Print 函数直接在窗体上输出结果。

【实验步骤】

1. 创建窗体并设置属性（略）

2. 添加程序代码

```
Private Sub Form_Click()
        Dim a(5) As Integer
        Dim i As Integer, total As Single, average As Single
        For i=1 To 5
            a(i)=Val(InputBox("请输入第" & Str(i) & "位学生的成绩","输入成绩"))
            Print "第"& i &"学生的成绩为：" & a(i)
        Next i
        total=0
        For i=1 To 5
            total=total+a(i)
        Next i
        average=total/5
        Print "总分：" & total
        Print "平均分：" & Format(average, "##.0")
End Sub
```

3. 执行程序并保存文件

4. 思考

试求最高分和最低分。要求，在程序中加上适当的代码，打印出 5 位同学成绩的最高分。

【分析】 设置一个变量 max，初始值为第一位同学的成绩，然后依次与后面几位同学的成绩进行对比，如果 max 大于后面同学的分数，什么都不干；如果 max 小于后面同学的分数，把 max 的值设为后面同学的分数。

【实现】 End Sub 语句前，添加如下代码：

```
max=_____
For i=2 to 5
    If a(i)>max then _____
Next i
Print "最高分:" & max
```

实验 5-2 杨辉三角形

【题目】 编写程序,打印杨辉三角形,如图 5.3 所示。

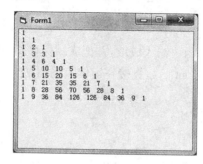

图 5.3 打印杨辉三角形

【分析】 解决此题所用方法的要点是:定义一个二维数组 A,在该数组中,每一行的第一个元素和最后一个元素都为 1,其余各元素等于它上面一行的同一列和前一列数据之和。

【实验步骤】

1. 创建窗体并设置属性(略)

2. 添加程序代码

```
Private Sub Form_Click()
    Dim a(9, 9) As Integer
    For i=0 To 9
        a(i, i)=1
        a(i, 0)=1
    Next i
    For i=2 To 9
        m=i-1
        For j=1 To m
            a(i, j)=a(m, j-1)+a(m, j)
        Next j
    Next i
    For i=0 To 9
        For j=0 To i
            Print a(i, j);
```

```
            Next j
            Print
        Next i
End Sub
```

3. 执行程序并保存文件

4. 修改上例

实验 5-3 矩阵

【题目】 随机生成 25 个 1~10 之间的整数,保存至二维数组 Mat 中,然后在窗体上按 5 行×5 列的矩阵形式显示出来。

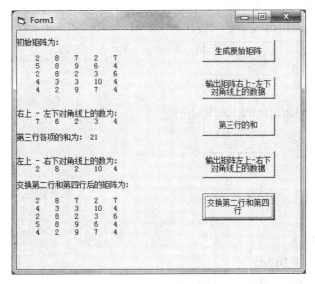

图 5.4 运行结果

【分析】 随机函数 Rnd(x)可以产生 0~1 之间均匀分布的随机数。在调用 Rnd 函数之前,可先使用无参数的 Randomize 语句初始化随机数生成器,该生成器从系统计时器获得种子。生成初始数据之后,按命令按钮,依次分析需要产生的数据的行数、列数之间的关系。

【实验步骤】

1. 界面设计

在窗体上放置 5 个命令按钮,具体布局如图 5.4 所示。

2. 属性设置

名称	Caption	功能
Command1	生成原始矩阵	用随机数函数初始化数组
Command2	输出矩阵右上—左下对角线上的数据	把矩阵右上—左下对角线上的数据输出到窗体

名称	Caption	功能
Command3	第三行的和	求矩阵第三行所有元素之和并输出到窗体
Command4	输出矩阵左上—右下对角线上的数据	把矩阵左上—右下对角线上的数据输出到窗体
Command5	交换第二行和第四行	交换第二行和第四行后输出到窗体

3. 完善程序代码

```
Option Base 1
Dim Mat(5,5) As Integer
Dim i As Integer , j As Integer
Private Sub Command1_Click()
    Randomize                   ' 随机化语句
    For i=1 To 5
        For j=1 To 5
            Mat(i, j)=Int(10* Rnd)+1
        Next j
    Next i
    Print
    Print "初始矩阵为:"
    Print
    For i=1 To N
        For j=1 To M
            Print Tab(5* j); Mat(i, j);
        Next j
        Print
    Next i
End Sub


Private Sub Command2_Click()
    Print: Print
    Print "右上—左下对角线上的数为:"
    For i=1 To N
        For j=1 To M
            If _____ Then
                Print Tab(5* i); Mat(i, j);
            End If
        Next j
```

```
        Next i
End Sub


Private Sub Command3_Click()

        _____

        For j=1 To M

        _____

        Next j
        Print: Print
        Print "第三行各项的和为:";
        Print Sum
End Sub


Private Sub Command4_Click()
        Print: Print
        Print "左上一右下对角线上的数为:"
        For i=1 To N
            For j=1 To M
                If _____ Then Print Tab(5* j); Mat(i, j);
            Next j
        Next i
End Sub


Private Sub Command5_Click()
        Dim j As Integer
        For j=1 To M

            _____

            _____

            _____

        Next j
        Print: Print
        Print "交换第二行和第四行后的矩阵为:"
        Print
        For i=1 To N
            For j=1 To M
                Print Tab(5* j); Mat(i, j);
            Next j
            Print
```

```
        Next i
End Sub
```

4. 执行程序并保存文件

实验 5 - 4 出现次数最多的数字

【题目】 程序功能如下：

（1）单击"产生数组"按钮时，用随机函数生成 20 个 0~10 之间（不含 0 和 10）的数值，并将其保存到一维数组 a 中，同时也将这 20 个数值显示在 Text1 文本框内。

（2）单击"统计"按钮时，统计出数组 a 中出现频率最高的数值及其出现的次数，并将出现频率最高的数值显示在 Text2 文本框内、出现频率最高的次数显示在 Text3 文本框内。

（3）单击"退出"按钮时，结束程序运行。

【分析】 数组 a 存放 20 个数据，数组 b 存放每一个数出现的次数。

【实验步骤】

1. 界面设计与属性设置

窗体上画 3 个文本框，其名称分别为 Text1、Text2 和 Text3，其中 Text1、Text2 可多行显示。再画 3 个名称分别为 Cmd1、Cmd2 和 Cmd3，标题分别为"产生数组"、"统计"和"退出"的命令按钮。窗体布局可参照图 5.5 所示，属性可根据程序要求自行设置。

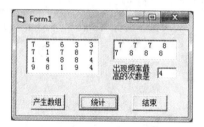

图 5.5 程序运行界面

2. 完善程序代码

```
Option Base 1
Dim a(20) As Integer, b(20) As Integer
Private Sub Cmd1_Click()
        Text1.Text="": Text2.Text="": Text3.Text=""
        For i=1 To 20
            a(i)=Int(Rnd*_____+1)
            b(i)=0
            Text1.Text=Text1.Text+Str(a(i))+Space(2)
        Next i
End Sub


Private Sub Cmd2_Click()
```

```
        fmax=0
        For i=1 To 20
            For j=1 To
                If a(i)=a(j) Then
                    b(i)=b(i)+1
            End If
            Next j
            If b(i)>_____ Then fmax=b(i)
        Next i
        For i=1 To 20
            If b(i)=_____ Then
                Text2.Text=Text2.Text+Str(a(i))+Space(2)
            End If
        Next i
        Text3.Text=fmax
    End Sub

    Private Sub Cmd3_Click()
    _____
    End Sub
```

3. 执行程序并保存文件

实验 5－5 排序和二分查找

【题目】 完善程序代码,实现如下功能:

1) 单击"产生数据"按钮,随机产生 50 个 100 以内的互不相等的整数,并将这 50 个数显示在 Text1 文本框中;

2) 单击"排序"按钮,将 50 个数按升序排列,并显示在 Text2 文本框中。设置"查找"按钮属性,使得"查找"按钮可用。

3) 单击"查找"按钮,则提示用户输入查找的数,并利用二分法在数组 a 中查找该数,若查找成功,则在 Text3 文本框中显示该数组中的位置,否则显示查找失败。

【分析】 二分法查找的思路是,将查找值与有序数组的中间项元素进行比较,若相同则查找成功结束;否则判断查找值落在数组的上半部分还是下半部分,并继续在那一半的数组中重复上述查找过程。

【实验步骤】

1. 界面设计

窗体上有 3 个标题分别是"产生数据"、"排序"和"查找"的命令按钮。2 个名称分别为 Text1、Text2,初始值为空,可显示多行文本,有垂直滚动条的文本框。具体布局如图 5.6 所示。

图 5.6 程序运行界面

2. 属性设置

控件	属性	设置值
文本框 1	Name Text MultiLine ScrollBars	Text1 空 True 2
文本框 2	Name Text MultiLine ScrollBars	Text2 空 True 2
文本框 3	Name Text	Text3 空
标签 1	Name Caption	Label1 原始数组
标签 2	Name Caption	Label2 有序数组
标签 3	Name Caption	Label3 查找结果
命令按钮 1	Name Caption	Command1 产生数据
命令按钮 2	Name Caption	Command2 排序
命令按钮 3	Name Caption Enabled	Command3 查找 False

3. 完善程序代码

Option Base 1

Dim a(50) As Integer

```
Private Sub Command1_Click()        '产生数据
    Randomize
    For i=1 To 50
        a(i)=Int(Rnd* 100)
        For k=1 To _____
            If a(i)=a(k) Then

                _____
                Exit For
            End If
        Next k
    Next i

    For i=1 To 50
        Text1.Text=Text1.Text+Str(a(i))+Space(2)
    Next i
End Sub


Private Sub Command2_Click()        '排序
    For i=1 To 49
        For j=_____ To 50
            If a(i)>a(j) Then
                temp=_____
                a(i)=a(j)
                _____=temp
            End If
        Next j
    Next i

    For i=1 To 50
        Text2.Text=Text2.Text+Str(a(i))+Space(2)
    Next i
    Command3.Enabled=True
End Sub


Private Sub Command3_Click()        '二分查找
    Dim low As Integer, high As Integer
    Dim flag As Integer
    Text3.Text=""
```

```
        x=InputBox("请输入需要查找的数","输入")
        low=LBound(a)
        high=UBound(a)
        Do
                _____=(low+high)\ 2
                    Select Case a(m)
                        Case Is=x
                            flag=1
                            Exit Do
                        Case Is>x
                            high=_____
                        Case Else
                            low=_____
                    End Select
        Loop Until _____
        If _____Then
            Text3.Text="查找成功,该数的位置为"+Str(m)+"!"
        Else
            Text3.Text="查找失败,该数不存在!"
        End If
End Sub
```

3. 执行程序并保存文件

实验 5-6　顺序查找算法

【题目】　如图 5.7 所示,利用 VB 数组,随机生成 10 个随机数,查找数组中任意一个数,返回结果。

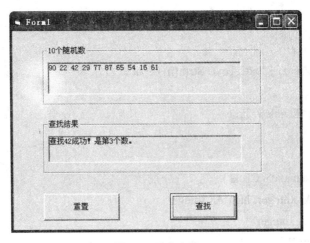

图 5.7　顺序查找

【实验步骤】

1. 界面设计及属性设置

2. 完善程序代码

```
Dim a(1 To 10) As Integer            '通用声明处声明
Private Sub Form_Load()
Randomize
For i=1 To 10
a(i)=Int(Rnd* (100-10+1)+10)
Label1.Caption=Label1.Caption & a(i) & " "
Next i
End Sub


Private Sub Command1_Click()
Label1.Caption=""
Label2.Caption=""
Call Form_Load
End Sub


Private Sub Command2_Click()        '方法一
Dim Flag as Boolean
Flag=False
    b=Val(InputBox("请输入要查找的数","顺序查找"))
        For i=1 To 10
            If b=a(i) Then

            _____

            Exit For
    Next i
If f=True Then
    Label2.Caption="查找" & b & "成功！是第" & i & "个数。"
Else
    Label2.Caption="查找" & b & "不成功！数组中无有此数。"
End If
End Sub
```

3. 执行程序并保存文件

【思考】　上述查找也可以通过循环退出之后判断循环变量的方法实现：

```
Private Sub Command2_Click()            '方法二
b=Val(InputBox("请输入要查找的数","顺序查找"))
    For i=1 To 10
```

```
            If b=a(i) Then Exit For
        Next i
    If _____Then
        Label2.Caption="查找" & b & "成功！是第" & i & "个数。"
        Else
        Label2.Caption="查找" & b & "不成功！数组中无有此数。"
    End If
    End Sub
```

实验 5－7　阶乘

【题目】　选定一个单选按钮并单击"计算"按钮后，可以计算出相应的阶乘值，在 Text1 中显示该阶乘值。

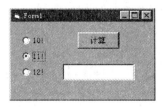

图 5.8　程序界面

【实验步骤】

1. 界面设计及属性设置

在 Form1 窗体上建立 1 个名称为 Op1 的单选按钮数组，含有 3 个单选按钮，其标题分别为"10!"、"11!"、"12!"，Index 属性分别为 0、1、2；再画 1 个名称为 C1 的命令按钮，标题为"计算"；1 个名称为 Text1 的文本框，具体布局如图 5.8 所示。

2. 完善程序代码

```
Private Sub C1_Click()
    Dim sum As Long
    sum=1
    For i=1 To 10
        sum=_____
    Next i
    If Op1(0).Value=True Then
        Text1.Text=sum
    ElseIf Op1（1）.Value=True Then
        Text1.Text=sum*_____
    ElseIf Op1（2）.Value=True Then
        Text1.Text=sum*_____
    End If
```

End Sub

3. 执行程序并保存文件

实验 5-8　评委打分

【题目】　在 Text1 文本框中输入选手编号,并在 Text2 文本框控件数组中输入 10 个评委对该选手的打分情况后,单击"统计得分"按钮,则对 10 个评委的打分去掉一个最低分和一个最高分之后求平均,该平均分即为选手的最后得分。最后将选手编号和得分显示在图片框 Picture1 中,并将 Text1、Text2 的内容置为空。

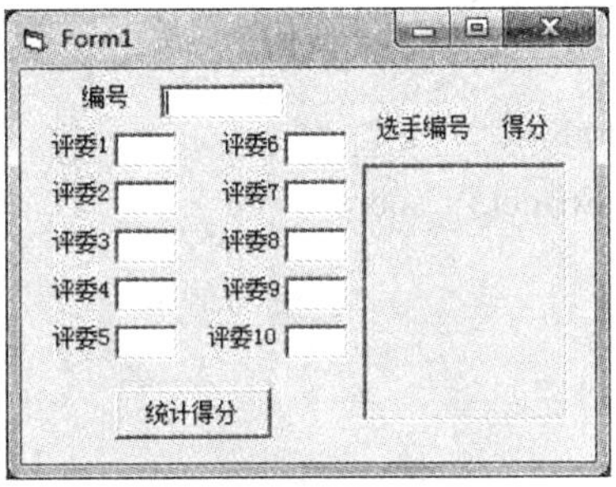

图 5.9　程序界面

【实验步骤】

1. 界面设计及属性设置

在窗体上画 1 个标题为"编号"的标签 Label1,1 个用于接收选手编号的初始内容为空的文本框 Text1;另画 1 个含有 10 个元素的标签控件数组 Label2 用于显示评委名称:"评委 1"、"评委 2"…,1 个含有 10 个元素的文本框控件数组 Text2 用于接收 10 个评委对某选手的打分;还有 1 个标题为"统计得分"的命令按钮。再画 2 个可根据显示内容自动调整大小、标题分别为"选手编号"、"得分"的标签 Label3 和 Label4,1 个图片框 Picture1,具体布局如图 5.9 所示。

2. 完善程序代码

```
Private Sub Command1_Click()
    If Len(Text1)=0 Then
        MsgBox "选手编号不能为空,请检查!",,"检查"
        Exit Sub
    End If
    For n=0 To 9
        If Len(Text2(n))=0 Then
            MsgBox "评委给分不能为空,请检查!",,"检查"
            Exit Sub
        End If
    Next n
    Max=Val(Text2(0)): Min=Val(Text2(0))
```

```
Sum=Val(Text2(0))
For n=_____To 9
    Select Case Val(Text2(n))
        Case Is _____Max
            Max=Text2(n)
        Case Is _____Min
            Min=Text2(n)
    End Select
    Sum=_____+Val(Text2(n))
Next n
score=(Sum-Max-Min)/8
Picture1.Print Text1; Space(5); score
    Text1=""
For n=0 To 9
    Text2(n)=""
Next n
End Sub
```

3. 执行程序并保存文件

实验 5-9　二维数组每行的运算

【题目】　单击"显示数据"按钮,则生成 200 个 1~100 之间的随机数,存放在 5 行 40 列的二维数组 a 中,并按 5 行显示在 Text1 文本框内;单击"统计"按钮,则计算每行中小于 50 的数之和,及这些数的平均值(平均值保留 2 位小数,是否四舍五入不限),并将它们(共 10 个值)分别显示在 Label1 数组及 Text2 数组中。

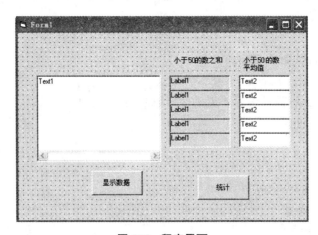

图 5.10　程序界面

【实验步骤】

1. 界面设计及属性设置

窗体上放置 1 个文本框 Text1，可多行显示，且带有水平滚动条；2 个标签，显示"小于50 的数之和"和"小于 50 的数平均值"；2 个命令按钮 Command1 和 Command2，分别显示"显示数据"和"统计"；1 个标签控件数组 Label1，Index 值为 0、1、2、3、4；1 个文本框控件数组 Text2，Index 值为 0、1、2、3、4。具体布局参见图 5.10。

2. 完善程序代码

```
Dim a(5, 40)
Private Sub Command1_Click()
    Dim ch As String
    ch$=""
    Randomize
    For i=1 To 5
        For j=1 To 40
            a(i, j)=Int(Rnd * 100)+1
            ch=ch & a(i, j) & "        "
        Next j
        ch=ch & Chr(13) & Chr(10) & Chr(13) & Chr(10)
    Next i
    Text1.Text=ch
End Sub


Private Sub Command2_Click()
'========学生编写的代码======




'========学生编写代码结束======
End Sub
```

3. 执行程序并保存文件

实验 5-10　菜单的动态增减

【题目】　实现菜单项动态增减，如图 5.11 所示。每选择一次"增加菜单"命令，菜单上会自动增加一个"菜单"，每选择一次"清除菜单"命令，程序自动清除当前信息菜单；当没有菜单可清除时，"清除菜单"命令无效。

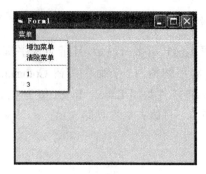

图 5.11　增减菜单项

【实验步骤】

1. 界面设计（略）

2. 菜单属性设置

标题	名称	内缩符号	可见性	下标
菜单	menu	无	True	无
增加菜单	addmenu	1	True	无
清除菜单	delmenu	1	True	无
—	bar	1	True	无
	menuname	1	False	0

3. 添加程序代码

```
Dim menucounter As Integer
Private Sub addmenu_Click()
    msg$="请输入消息内容："
    temp$=InputBox$(msg$, "增加消息")
    menucounter=menucounter+1
    Load menuname(menucounter)
    menuname(menucounter).Caption=temp$
    menuname(menucounter).Visible=True
End Sub


Private Sub delmenu_Click()
    Dim N As Integer, I As Integer
    msg$="输入删除的消息号"
    N=InputBox(msg$, "删除消息")
    If N>menucounter Or N<1 Then
        MsgBox "号码超出范围"
```

```
        Exit Sub
    End If
    For I=N To menucounter - 1
        menuname(I).Caption=menuname(I+1).Caption
    Next I
    Unload menuname(menucounter)
    menucounter=menucounter - 1
End Sub
```

4. 执行程序并保存文件

第6章 过 程

目 的 和 要 求

- 掌握通用 Sub 过程的定义和调用方法。
- 掌握自定义 Function 过程的定义和调用方法。
- 掌握 Sub 过程和 Function 过程的特点和区别。
- 掌握形实结合及参数传递的方式及特点。
- 掌握 KeyPress、KeyDown 和 KeyUp 事件的使用。
- 掌握鼠标事件和 MousePointer 属性的使用。
- 学习与拖放有关的属性、事件和方法。

6.1 考试真题

【例 6‑1】 下列描述中正确的是_____。

A）Visual Basic 只能通过过程调用执行通用过程

B）可以在 Sub 过程的代码中包含另一个 Sub 过程的代码

C）可以像通用过程一样指定事件过程的名字

D）Sub 过程和 Function 过程都有返回值

答案：A

【例 6‑2】 在窗体上画一个命令按钮和一个标签,其名称分别为 Command1 和 Label1,然后编写如下代码:

```
Sub S(x As Integer, y As Integer)
Static z As Integer
y=x*x+z
z=y
End Sub

Private Sub Command1_Click()
Dim i As Integer, z As Integer
m=0
z=0
```

```
For i=1 To 3
    S i, z
    m=m+z
Next i
Label1.Caption=Str(m)
End Sub
```

程序运行后,单击命令按钮,在标签中显示的内容是_____。

　　A)50　　　　　　B)20　　　　　　C)14　　　　　　D)7

答案:B

【例 6-3】　设有以下函数过程:

```
Private Function Fun(a() As Integer, b As String) As Integer
…
End Function
```

若已有变量声明:

```
Dim x(5) As Integer, n As Integer, ch As String
```

则下面正确的过程调用语句是_____。

　　A)x(0)=Fun(x, "ch")　　　　　　　B)n=Fun(n, ch)

　　C)Call Fun x, "ch"　　　　　　　D)n=Fun(x(5), ch)

答案:A

【例 6-4】　窗体上有一个名为 Command1 的命令按钮,并有如下程序:

```
Private Sub Command1_Click()
    Dim a As Integer, b As Integer
    a=8
    b=12
    Print fun(a, b); a; b
End Sub

Private Function Fun(ByVal a As Integer, b As Integer) As Integer
    a=a Mod 5
    b=b \ 5
    Fun=a
End Function
```

程序运行时,单击命令按钮,则输出结果是_____。

　　A)3 3 2　　　　　　B)3 8 2　　　　　　C)8 8 12　　　　　　D)3 8 12

答案:B

【例 6-5】　窗体上有一个名称为 Text1 的文本框和一个名称为 Command1、标题为"计算"的命令按钮,如图 6.1 所示。函数 fun 及命令按钮的单击事件过程如下,请填空。

```
Private Sub Command1_Click()
```

```
        Dim x As Integer
        x=Val(InputBox("输入数据"))
        Text1=Str(fun(x)+fun(x)+fun(x))
End Sub
```

图 6.1　程序界面

```
Private Function fun(ByRef n As Integer)
        If n Mod 3=0 Then
                n=n+n
        Else
                n=n*n
        End If
        _____=n
End Function
```

当单击命令按钮,在输入对话框中输入 2 时,文本框中显示的是_____。

答案:fun　276

【例 6－6】　请阅读程序:

```
Sub subp(b() As Integer)
        For i=1 To 4
                b(i)=2*i
        Next i
End Sub
Private Sub Command1_Click()
        Dim a(1 To 4) As Integer
        a(1)=5: a(2)=6: a(3)=7: a(4)=8
        subp a()
        For i=1 To 4
                Print a(i)
        Next i
End Sub
```

运行上面的程序,单击命令按钮,则输出结果是_____。

答案:A

A) 2	B) 5	C) 10	D) 出错
4	6	12	
6	7	14	
8	8	16	

【例 6－7】　下面是求最大公约数的函数的首部:

Function gcd(ByVal x As Integer, ByVal y As Integer) As Integer

若要输出 8、12、16 这 3 个数的最大公约数,下面正确的语句是_____。

A）Print gcd(8, 12), gcd(12, 16), gcd(16, 8)

B）Print gcd(8, 12, 16)

C）Print gcd(8, 12), gcd(12, 16), gcd(16)

D）Print gcd(8, gcd(12, 16))

答案：D

【例 6－8】 在窗体上画一个名称为 Command1 的命令按钮。然后编写如下程序：

Option Base 1

Private Sub Command1_Click( )

    Dim a(10) As Integer

    For i=1 To 10

        a(i)=i

    Next i

    Call swap(_____)

    For i=1 To 10

        Print a(i);

    Next i

End Sub

Sub swap(b( ) As Integer)

    n=UBound(b)

    For i=1 To n/2

        t=b(i): b(i)=b(n): b(n)=t

      _____

    Next i

End Sub

上述程序的功能是，通过调用过程 swap，调换数组中数值的存放位置，即 a(1)与 a(10) 的值互换，a(2)与 a(9)的值互换……请填空。

答案：a 或 a( )；n=n-1

【例 6－9】 窗体上有一个名为 Command1 的命令按钮，并有下面的程序：

Private Sub Command1_Click( )

    Dim arr(5) As Integer

    For k=1 To 5

        arr(k)=k

    Next k

    prog arr( )

    For k=1 To 5

        Print arr(k);

    Next k

```
End Sub

Sub prog(a() As Integer)
    n=UBound(a)
    For i=n To 2 Step-1
        For j=1 To n-1
            If a(j)<a(j+1) Then
                t=a(j): a(j)=a(j+1): a(j+1)=t
            End If
        Next j
    Next i
End Sub
```
程序运行时,单击命令按钮后显示的是_____。

  A) 12345   B) 54321   C) 01234   D) 43210

答案:B

【例 6-10】 有如下过程代码:

连续 3 次调用 var_dim 过程,第 3 次调用时的输出是_____。

```
Sub var_dim()
    Static numa As Integer
    Dim numb As Integer
    numa=numa+2
    numb=numb+1
    Print numa; numb
End Sub
```
  A) 2 1   B) 2 3   C) 6 1   D) 6 3

答案:C

【例 6-11】 设有以下函数过程:

```
Function fun(a As Integer, b As Integer)
    Dim c As Integer
    If a<b Then
        c=a: a=b: b=c
    End If
    c=0
    Do
        c=c+a
    Loop Until c Mod b=0
    fun=c
End Function
```

若调用函数 fun 时的实际参数都是自然数,则函数返回的是_____。

A）a、b 的最大公约数　　　　B）a、b 的最小公倍数

C）a 除以 b 的余数　　　　　D）a 除以 b 的商的整数部分

答案:B

【例 6－12】　窗体上有名称为 Command1 的命令按钮。事件过程及两个函数过程如下:

```
Private Sub Command1_Click()
    Dim x As Integer, y As Integer, z
    x=3
    y=5
    z=fy(y)
    Print fx(fx(x)), y
End Sub


Function fx(ByVal a As Integer)
    a=a+a
    fx=a
End Function


Function fy(ByRef a As Integer)
    a=a+a
    fy=a
End Function
```

运行程序,并单击命令按钮,则窗体上显示的 2 个值依次是_____和_____。

答案:12　10

【例 6－13】　以下关于函数过程的叙述中正确的是_____。

A）函数过程形参的类型与函数返回值的类型没有关系

B）在函数过程中,过程的返回值可以有多个

C）当数组作为函数过程的参数时,既能以传值方式传递,也能以传址方式传递

D）如果不指明函数过程参数的类型,则该参数没有数据类型

答案:A

【例 6－14】　标准模块中有如下程序代码:

```
Public x As Integer,y As Integer
Sub var_pub()
    x=10:y=20
End Sub
```

在窗体上有 1 个命令按钮,并有如下事件过程:

```
Private Sub Command1_Click()
```

```
            Dim x As Integer
            Call var_pub
            x=x+100
            y=y+100
            Print x;y
        End Sub
```

运行程序后单击命令按钮,窗体上显示的是_____。

    A）100 100

    B）100 120

    C）110 100

    D）110 120

答案:B

【例 6－15】 设工程文件包含两个窗体文件 Form1.frm、Form2.frm 及一个标准模块文件 Module1.bas。两个窗体上分别只有一个名称为 Command1 的命令按钮。

Form1 的代码如下:

```
Public x As Integer
Private Sub Command1_Click()
    Form2. Show
End Sub


Private Sub Form_Load()
    x=1
    y=5
End   Sub
```

Form2 的代码如下:

```
Private Sub Command1_Click()
    Print Form1.x, y
End Sub
```

Module1 的代码如下:

```
Public y As Integer
```

运行以上程序,单击 Form1 的命令按钮 Command1,则显示 Form2;再单击 Form2 上的命令按钮 Command1,则窗体上显示的是_____。

    A）1　　5　　　　　B）0　　5　　　　　C）0　　0　　　　　D）程序有错

【例 6－16】 在窗体上画两个标签和一个命令按钮,其名称分别为 Label1、Label2 和 Command1,然后编写如下程序:

```
Private Function func(L As Label)
    L.Caption="1234"
End Function
```

```
Private Sub Form_Load()
    Label1.Caption="ABCDE"
    Label2.Caption=10
End Sub
Private Sub Command1_Click()
    a=Val(Label2.Caption)
    Call func(Label1)
    Label2.Caption=a
End Sub
```

程序运行后,单击命令按钮,则在两个标签中显示的内容分别为_____。

A)ABCD 和 10   B)1234 和 100

C)ABCD 和 100   D)1234 和 10

答案:D

【例 6-17】 以下关于过程及过程参数的描述中,错误的是_____。

A)过程的参数可以是控件名称

B)调用过程时使用的实参的个数应与过程形参的个数相同

C)只有函数过程能够将过程中处理的信息返回到调用程序中

D)窗体可以作为过程的参数

答案:C

【例 6-18】 在窗体上画一个命令按钮(名称为 Command1),并编写如下代码:

```
Private Sub Command1_Click()
    Dim x As Integer
    x=10
    Print fun1(fun1(x, (fun1(x, x-1))), x-1)
End Sub


Function fun1(ByVal a As Integer, b As Integer) As Integer
    Dim t As Integer
    t=a-b
    b=t+a
    fun1=t+b
End Function
```

程序运行后,单击命令按钮,输出的结果是_____。

A)10   B)0   C)11   D)21

答案:B

【例 6-19】 以下说法中正确的是_____。

A)MouseUp 事件是鼠标向上移动时触发的事件

B)MouseUp 事件中的 x,y 参数用于修改鼠标位置

C）在 MouseUp 事件过程中可以判断用户是否使用了组合键

D）在 MouseUp 事件过程中不能判断鼠标的位置

答案：C

【例 6－20】 假定已经在菜单编辑器中建立了窗体的弹出式菜单,其顶级菜单项的名称为 a1,其"可见"属性为 False。程序运行后,单击鼠标左键或右键都能弹出菜单的事件过程是_____。

```
A) Sub Form_MouseDown(Button As Integer, Shift As Integer, X As Single, Y As Single)
    If Button=1 And Button=2 Then
        PopupMenu a1
    End If
End Sub
B) Sub Form_MouseDown(Button As Integer, Shift As Integer, X As Single, Y As Single)
    PopupMenu a1
End Sub
C) Sub Form_MouseDown(Button As Integer,Shift As Integer, X As Single, Y As Single)
    If Button=1 Then
        PopupMenu a1
    End If
End Sub
D) Sub Form_MouseDown(Button As Integer, Shift As Integer, X As Single, Y As Single)
    If Button=2 Then
        PopupMenu a1
    End If
End Sub
```

答案：B

【例 6－21】 在窗体上画一个命令按钮和两个文本框,其名称分别为 Command1、Text1 和 Text2,在属性窗口中把窗体的 KeyPreview 属性设置为 True,然后编写如下程序：

```
Dim S1 As String, S2 As String
Private Sub Form_Load()
    Text1.Text=""
    Text2.Text=""
    Text1.Enabled=False
    Text2.Enabled=False
End Sub
Private Sub Form_KeyDown(KeyCode As Integer, Shift As Integer)
    S2=S2 & Chr(KeyCode)
    Print S2
End Sub
```

```
Private Sub Form_KeyPress(KeyAscii As Integer)
    S1=S1 & Chr(KeyAscii)
    Print S1
End Sub
Private Sub Command1_Click()
    Text1.Text=S1
    Text2.Text=S2
    S1=""
    S2=""
End Sub
```

程序运行后,先后按"a"、"b"、"c"键,然后单击命令按钮,在文本框 Text1 和 Text2 中显示的内容分别为_____。

A) abc 和 ABC   B) 空白   C) ABC 和 abc   D) 出错

答案:A

【例 6－22】 VB 中有 3 个键盘事件:KeyPress、KeyDown、KeyUp,若光标在 Text1 文本框中,则每输入一个字母_____。

A) 这 3 个事件都会触发   B) 只触发 KeyPress 事件
C) 只触发 KeyDown、KeyUp 事件   D) 不触发其中任何一个事件

答案:A

【例 6－23】 要求当鼠标在图片框 P1 中移动时,立即在图片框中显示鼠标的位置坐标。下面能正确实现上述功能的事件过程是_____。

```
A) Sub P1_MouseMove(Button As Integer, Shift As Integer, X As Single, Y As Single)
    Print X, Y
End Sub

B) Sub P1_MouseDown(Button As Integer, Shift As Integer, X As Single, Y As Single)
    Picture.Print X, Y
End Sub

C) Sub P1_MouseMove(Button As Integer, Shift As Integer, X As Single, Y As Single)
    P1.Print X, Y
End Sub

D) Sub Form_MouseMove(Button As Integer, Shift As Integer, X As Single, Y As Single)
    P1.Print X, Y
End Sub
```

答案:C

【例 6－24】 若看到程序中有以下事件过程,则可以肯定的是,当程序运行时_____。

```
Private Sub Click_MouseDown(Button As Integer,_
Shift As Integer, X As Single, Y As Single)
```

```
    Print "VB Program"
End Sub
```
A）用鼠标左键单击名称为"Command1"的命令按钮时，执行此过程

B）用鼠标左键单击名称为"MouseDown"的命令按钮时，执行此过程

C）用鼠标右键单击名称为"MouseDown"的控件时，执行此过程

D）用鼠标左键或右键单击名称为"Click"的控件时，执行此过程

答案：D

【例 6－25】　以下说法中正确的是＿＿＿＿＿＿。

A）当焦点在某个控件上时，按下一个字母键，就会执行该控件的 KeyPress 事件过程

B）因为窗体不接受焦点，所以窗体不存在自己的 KeyPress 事件过程

C）若按下的键相同，KeyPress 事件过程中的 KeyAscii 参数与 KeyDown 事件过程中的 KeyCode 参数的值也相同

D）在 KeyPress 事件过程中，KeyAscii 参数可以省略

答案：A

【例 6－26】　下面关于标准模块的叙述中错误的是＿＿＿＿＿＿。

A）标准模块中可以声明全局变量

B）标准模块中可以包含一个 Sub Main 过程，但此过程不能被设置为启动过程

C）标准模块中可以包含一些 Public 过程

D）一个工程中可以含有多个标准模块

答案：B

【例 6－27】　下面有关标准模块的叙述中，错误的是＿＿＿＿＿＿。

A）标准模块不完全由代码组成，还可以有窗体

B）标准模块中的 Private 过程不能被工程中的其他模块调用

C）标准模块的文件扩展名为.bas

D）标准模块中的全局变量可以被工程中的任何模块引用

答案：A

【例 6－28】　以下叙述中错误的是＿＿＿＿＿＿。

A）标准模块文件的扩展名是.bas

B）标准模块文件是纯代码文件

C）在标准模块中声明的全局变量可以在整个工程中使用

D）在标准模块中不能定义过程

答案：D

【例 6－29】　对窗体编写如下事件过程：

```
Private Sub Form_MouseDown(Button As Integer, Shift As Integer, X As Single, y As Single)
    If Button=2 Then
        Print "AAAAA"
```

```
End If
End Sub
Private Sub Form_MouseUp(Button As Integer, Shift As Integer, X As Single, y As Single)
Print "BBBBB"
End Sub
```

程序运行后,如果单击鼠标右键并松开,则输出结果为_____。

A）AAAAA   B）BBBBB   C）AAAAA   D）BBBB

     BBBBB   AAAAA

答案:A

【例 6－30】 当程序运行后,为了在窗体上输出"Visual Basic",应在窗体上执行以下操作:_____。

```
Option Explicit
Private Sub Form_MouseDown(Button As Integer, Shift As Integer, X As Single, Y As Single)
If Shift=3 And Button=2 Then
    Print "Visual Basic"
End If
End Sub
```

    A）同时按下 Ctrl+Shift 和鼠标右键   B）同时按下 Shift 和鼠标右键

    C）同时按下 Ctrl+Shift 和鼠标左键   D）同时按下 Shift 和鼠标左键

答案:A

【例 6－30】 以下叙述中错误的是_____。

    A）在 KeyUp 和 KeyDown 事件过程中,从键盘上输入"A"或"a"被视作相同的字母（即具有相同的 KeyCode）

    B）在 KeyUp 和 KeyDown 事件过程中,将键盘上的"1"和右侧小键盘上的"1"被视作不同的数字（即具有不同的 KeyCode）

    C）KeyPress 事件中不能识别键盘上某个键的按下与释放

    D）KeyPress 事件中可以识别键盘上某个键的按下与释放

答案:C

【例 6－32】 在窗体上画一个名为 Text1 的文本框,并编写如下程序:

```
Private Sub Form_Load()
Show
Text1.Text=""
Text1.SetFocus
End Sub
Private Sub Form_MouseUp(Button As Integer, Shift As Integer, X As Single, Y As Single)
Print "程序设计"
End Sub
```

Private Sub Text1_KeyDown(KeyCode As Integer, Shift As Integer)
Print "Visual Basic" ;
End Sub
程序运行后,如果按"A"键,然后单击窗体,则在窗体上显示的内容是_____。

A）Visual Basic　　　　　　　　　B）程序设计
C）A 程序设计　　　　　　　　　　D）Visual Basic 程序设计
答案:D

6.2　上机指导

实验 6-1　在 Sub 过程的调用中比较两种参数传递方式

【题目】　编写交换两个数的过程,Swap1 用传值方式传递,Swap2 用传址方式传递,观察哪个过程能真正实现两个数的交换,分析原因。

【分析】　传值的结合过程是:当调用一个过程时,系统将实参的值复制给形参,实参与形参断开了联系。被调过程中的操作是在形参自己的存储单元中进行,当过程调用结束时,这些形参所占用的存储单元也同时被释放。因此在过程中对形参的任何操作不会影响到实参。

传址的结合过程是:当调用一个过程时,系统将实参的地址传递给形参。在被调过程中对形参的任何操作都变成了对相应实参的操作,因此实参的值就会随形参的改变而改变。

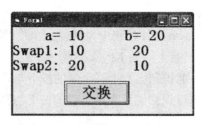

图 6.2　两数交换程序运行界面

【实验步骤】
1. 窗体设计
参考图 6.2。
2. 添加程序代码
Public Sub Swap1(ByVal x As Integer, ByVal y As Integer) ' 传值
　　Dim t As Integer
　　t=x: x=y: y=t
End Sub

```
Public Sub Swap2(x As Integer, y As Integer) ' 传址
    Dim t As Integer
    t=x: x=y: y=t
End Sub


Private Sub Command1_Click()
    Dim a As Integer, b As Integer
    a=10: b=20
    Print Tab(5); "a="; a, "b="; b
    Swap1 a, b
    Print "Swap1:"; a, b
    a=10: b=20
    Swap2 a, b
    Print "Swap2:"; a, b
End Sub
```

3. 运行并保存工程

实验 6-2　Function 过程调用

【题目】　编写程序找出 1000 以内的所有自守数。设 a 为一整数，如果 a 出现在 a^2 的右端，则称 a 为"自守数"。例如 5^2=25，25^2=625，则 5 和 25 都是自守数。程序中的 Function 过程 Automorphic()，用来判断某数是否为自守数，若是，则自动添加到左边的列表框中。请把代码补充完整。

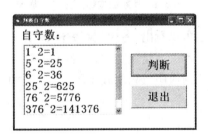

图 6.3　判断自守数程序运行界面

【分析】　根据自守数的特点，可以利用字符函数，截取适当长度的字符进行比较即可。由于判断结果仅为是还是否（即逻辑值 True 还是 False），所以函数过程名的类型最好为逻辑型。

【实验步骤】

1. 窗体设计

参考图 6.3。

2. 完善程序代码

"退出"按钮的事件过程代码略

```
Private Sub Command1_Click()
    For i=1 To 1000
        If Automorphic(i) Then _____
    Next i
End Sub


Private Function Automorphic(ByVal i As Integer) As _____
    If i=Right(CStr(i^2), Len(CStr(i))) Then Automorphic=_____
End Function
```

3. 运行工程,观察结果并保存文件

实验 6-3 判断回文数

【题目】 判断文本框中的内容是否为回文数。回文数是指一个像 16461 这样"对称"的数,即:将这个数的数字按相反的顺序重新排列后,所得到的数和原来的数一样。

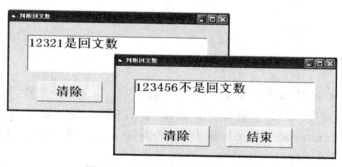

图 6.4 判断回文数程序运行界面

【分析】 从题目的表述可以看出,一种判断方法是:从一个数字串的两头开始往中间逐对比较,一旦出现不同,该数就不是回文数,全部比较完,都相同,是回文数;另一种判断方法是:将数字串逆序,得到的逆序数和原数比较,相等则是回文数,否则不是。

【实验步骤】

1. 窗体设计

参考图 6.4。

2. 属性设置

请自行练习设计,并为窗体与每个控件对象设置相应的属性。

3. 添加程序代码

"清除"和"结束"按钮的事件过程代码略。

```
Private Sub Text1_KeyPress(KeyAscii As Integer)
    Dim f As Boolean
    If KeyAscii=13 Then
        If IsNumeric(Text1) Then
            palindromic Text1, f
```

```
        End If
        If f Then
            Text1=Text1 & "是回文数"
        Else
            Text1=Text1 & "不是回文数"
        End If
    End If
End Sub


Private Sub palindromic(ByVal s As String, f As Boolean)
    Dim i As Integer
    For i=1 To Len(s)/2
        If Mid(s, i, 1)<>Mid(s, Len(s)+1-i, 1) Then Exit Sub
    Next i
    f=True
End Sub
```

4. 运行并保存工程

【思考】 palindromic()子程序中形参 f 的传递方式可否改为按值传递,为什么?

【拓展】 请将本题中的 palindromic()子程序改变为函数过程,并在主调程序中调用该函数过程。函数过程框架的形式如下:

Private Function palindromic(ByVal s As String) As Boolean

……

End Function

另外编写一段函数,通过将数字串逆序实现回文数的判断。

实验 6－4 迭代法寻找孪生素数

【题目】 若两个素数之差为 2,则这两个素数就是一对孪生素数。例如,3 和 5、5 和 7、11 和 13 等都是孪生素数。编写程序找出 1~100 之间的所有孪生素数。

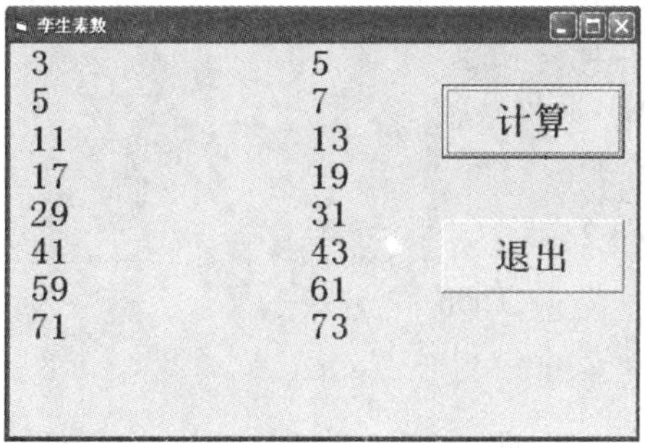

图 6.5 寻找孪生素数的程序运行界面

【分析】 迭代法也称辗转法,是一种不断用变量的旧值递推新值的过程。例如本题中,要想知道 3 和 5 是不是孪生素数,需要 IsP(3) 和 IsP(5) 两个条件同时为真,此时第二个条件 IsP(5)的值,在接下来判断 5 和 7 是否孪生素数时,将作为第一个条件。在代码中,用变量 p1 对应第一个条件,变量 p2 对应第二个条件,在计算下一组数对之前,令 p1=p2,进行迭代。

【实验步骤】

1. 窗体设计

参考图 6.5。

2. 完善程序代码

"退出"按钮的事件过程代码略。

```
Private Sub Command1_Click()
        Dim i As Integer
        p1=IsP(3)
        For i=5 To 100 Step 2
            p2=IsP(i)
            If _____ Then Print i-2, i
            p1=_____
        Next i
End Sub
Private Function IsP(m As Integer) As Boolean
        Dim i As Integer
        For i=2 To Int(Sqr(m))
            If m Mod i=0 Then _____
        Next i
        IsP=True
End Function
```

3. 运行并保存工程

【思考】 本题在 Command1_Click()事件过程中如果不采用迭代的思想,还可以写成下面这样,请将代码补充完整。

```
Private Sub Command1_Click()
        Dim i As Integer
        For i=3 To 99 Step 2
            If _____ Then
                    Print i, i+2
            End If
        Next i
End Sub
```

实验 6–5 进制转换

【题目】 将 N 进制数转换成十进制数的通用程序补充完整。

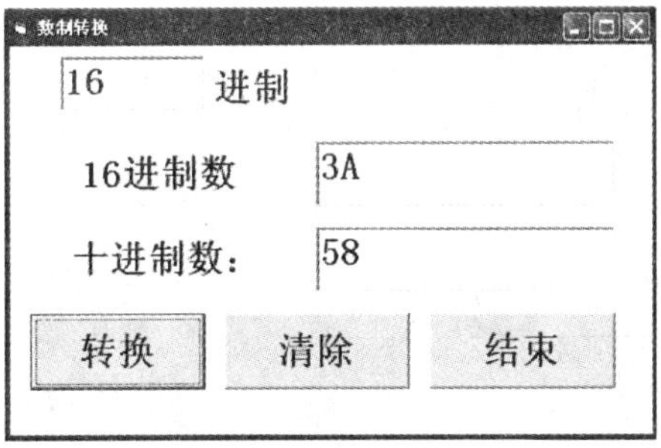

图 6.6 数制转换程序的运行界面

【分析】 转换成十进制数的方法是"按权展开求和"。例如,二进制数转换成十进制数:$(11011)2=1×24+1×23+0×22+1×21+1×20=(27)10$。如果是 N 进制数,则对应的基数应改为 N。将需要转换的数串由最低位开始到最高位逐个截取,权值的指数部分由 0 开始依次加 1。由于十六进制数使用字母 A~F 分别表示 10~15,所以在过程中需要采用适当的方法对数串中的字母进行处理。

【实验步骤】

1. 窗体设计

参考图 6.6。

2. 属性设置

请自行练习设计,并为窗体与每个控件对象设置相应的属性。

3. 完善程序代码

"清除"和"结束"按钮的事件过程代码略。

```
Private Sub Command1_Click( )
    Dim s As String, n As Integer
    n=Val(Text1)
    s=Trim(Text2)
    Label2.Caption=n & "进制数"
    Text3=change(s, n)
End Sub

Private Function change(s As String, n As Integer) As String
    Dim i As Integer, k As Integer, sum As Integer
    Dim p As String* 1, q As Integer
    k=0
    For i=
        p=_____    ' 使用 Mid()函数提取一个字符
```

```
        If p>="0" And p<="9" Then
            q=_____
        Else
            q=_____
        End If
        sum=sum+q* n^k
        k=_____
    Next i
    change=_____
End Function
```

4. 运行并保存工程

【拓展】 编写一个能将十进制数转换成 N 进制数的通用过程。

实验 6-6 最大公约数和最小公倍数

【题目】 请将下面求 a、b 两个数的最大公约数和最小公倍数的程序补充完整。

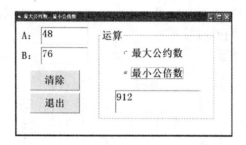

图 6.7 求最小公倍数的运行界面

【分析】 先采用辗转相除法(欧几里德法)编写求最大公约数的过程,再利用得到的最大公约数的值计算出最小公倍数来。

【实验步骤】

1. 窗体设计(参考图 6.7)

2. 属性设置

请自行练习设计,并为窗体与每个控件对象设置相应的属性。

3. 完善程序代码

"清除"和"退出"按钮的事件过程代码略。

```
Option Explicit
Private Sub Option1_Click(Index As Integer)        '控件数组
    Dim a As Integer, b As Integer
    Dim m As Integer, d As Integer
    a=Text1
    b=Text2
```

```
        m=common(a, b)
        If Index=0 Then
            Text3=m                    ' 输出最大公约数
        Else
            d=_____             ' 利用最大公约数计算最小公倍数
            Text3=d
        End If
End Sub
Private Function common(ByVal a As Integer, ByVal b As Integer) As Integer
' 欧几里得法求最大公约数过程
        Dim r As Integer
        Do
            _____' 添加一段代码
        Loop While r<>0
        common=a
End Function
```

4. 运行并保存工程

【思考】 下面是一个求两个整数的最小公倍数的程序,请补充完整。

```
Private Sub Command1_Click()
        a=Val(InputBox(""))
        b=Val(InputBox(""))
        c=_____
        Do Until c Mod b=0
            c=_____            ' c 是 a 的 1 倍、2 倍、3 倍……
        Loop
        Print c
End Sub
```

【拓展】 试编写一个求多个整数的最大公约数的程序。

实验 6-7 Armstrong 数

【题目】 一个 n 位的正整数,其各位数字的 n 次方之和等于这个数,称这个数为 Armstrong 数。例如 $153=1^3+5^3+3^3$,$1634=1^4+6^4+3^4+4^4$,试编写程序,求所有的 2、3、4 位的 Armstrong 数。

【分析】 本题需要解决的是分解数字串的问题,即把组成一个整数的各位数字分别提取出来使用。一种方法是把整除和取余循环使用来分解数字,另一种方法是将数字串转换成字符型数据,使用 Mid() 函数来分解字符串。通常将分解所得的各位数字存放在动态数组中备用。

设需要分解的数字串为 N,存放各位数字的数组为 A,以下是这两种方法的参考代码:

方法一：

```
Do
    k=k+1
    ReDim Preserve a(k)
    a(k)=n Mod 10
    n=n\ 10
Loop Until n=0
```

方法二：

```
    s=CStr(n)
    ReDim a(Len(s))
    For i=1 To Len(s)
        a(i)=Val(Mid(s, i, 1))
    Next i
```

【实验步骤】

1. 窗体设计

参考图 6.8。

图 6.8　参考界面

2. 添加程序代码

```
Private Sub Command1_Click()
Dim i As Integer
For i=2 To 4
    Call Amstrong(i)
    Print
Next i
End Sub


Private Sub Amstrong(ByVal n As Integer)
For num=10^(n-1)To 10^n-1
    num1=num
```

```
    s=0
    For i=1 To n
        s=s+(num1 Mod 10)^n
        num1=num1\ 10
    Next i
    If s=num Then Print num
Next num
End Sub
```

3. 运行并保存工程

【思考】 如果希望输出"153=1³+5³+3³"这种格式,应该怎样修改上面的代码?

请说出下面函数过程的功能:_____。

```
Private Function sx(ByVal x As Integer)As Boolean
    sx=True
    Do Until x=0
        y=x
        x=x\ 10
        If x Mod 10>=y Mod 10 Then sx=False
    Loop
End Function
```

【拓展】 编写求一个数的逆序数的通用过程。

实验 6-8 静态变量

【题目】 要通过文本框输入若干个值,每输入一个按回车键,直到输入的值为 9999,输入结束,求输入各数的阶乘累加和。但是每当输入 9999,按回车键后,输出都是 0(如图 6.9 所示),请改正。

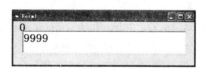

图6.9 错误代码运行界面

【分析】 当某一过程被程序多次调用,并希望过程中的局部变量值具有连续性时,可以使用静态变量。在过程结束时,静态变量的值可以保留,并从一次调用传递到下一次调用。而局部变量会在每次调用过程时,重新初始化。

【实验步骤】

1. 窗体设计

在窗体上摆放一个文本框控件,清空其中内容。

2. 添加程序代码

```
Private Sub Text1_KeyPress(KeyAscii As Integer)
```

```
        Dim sum As Long
        If KeyAscii=13 Then
            If Val(Text1)=9999 Then
                Print sum
            Else
                sum=sum+fact(Text1)
                Text1=""
            End If
        End If
    End Sub


    Private Function Fact (ByVal N As Integer) As Integer
        Static Count As Integer
        Fact=1
        Do While Count<N
            Count=Count+1
            Fact=Fact* Count
        Loop
    End Function
```

3. 修改、运行并保存工程

实验 6－9　Array 函数赋值应用举例

【题目】　利用 Array 函数给数组 a 赋值（数组元素的个数及每个元素的值自己设定），从键盘上输入一个数据，在数组中进行查找，如果数组中有，则删除数组中的这个元素，如果没有则提示"没有这个数"。

【提示】　删除数组中的某个元素就是将这个元素之后的元素分别往前移动一个位置，如数组原来是 11，22，33，44，55，66，77，88 共 8 个元素，如果要删除值为 44 的元素，其实就是将后面的 55，66，77，88 往前移一位，覆盖原来的数据，然后再重新声明数组有 7 个元素即可。

图 6.10(a)　找不到数据界面

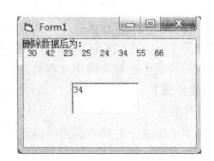

图 6.10(b)　查找到数据界面

代码如下：

```
Private Sub Form_Click()
Dim A(), i%, k%, x%, n%
A=Array(30, 42, 34, 23, 25, 24, 34, 55, 66)
n=UBound(A)
x=Val(Text1)
For k=0 To n
     If x=A(k) Then Exit For
Next k
If k>n Then MsgBox ("找不到此数据"): Exit Sub
For i=k+1 To n
     A(i-1)=A(i)
Next i
n=n-1
ReDim Preserve A(n)
Print "删除数据后为:"
For i=0 To n
     Print A(i);
Next i
End Sub
```

【思考】 如果将数组元素读入列表框再做插入或删除其中一个元素，应该怎样编程？

实验 6－10 递归过程

【题目】 编写一个求 Fibouacci 数列的递归过程。

Fibouacci 数列的通项公式是：

$$Fab(n)= \begin{cases} 1 & n=1,2 \\ Fab(n-2)+Fab(n-1) & n>2 \end{cases}$$

【分析】 递归就是在过程或函数里调用自身。它通常把一个大型复杂的问题层层转化为一个与原问题相似的规模较小的问题来求解，递归策略只需少量的程序就可描述出解题过程所需要的多次重复计算，大大地减少了程序的代码量，采用递归编写程序能使程序变得简洁和清晰。在使用递归策略时，必须有一个明确的递归结束条件，称为递归出口。一般来说，递归需要有边界条件、递归前进段和递归返回段。当边界条件不满足时，递归前进；当边界条件满足时，递归返回。

【实验步骤】

1. 窗体设计

略。

2. 添加程序代码

请自行练习编写主调程序，输出数列第 N 项的值以及数列前 N 项的累加和。

```
Private Function f(n As Integer) As Integer
    If n>2 Then
        f=f(n-2)+f(n-1)
    Else
        f=1
    End If
End Function
```

3. 运行并保存工程

【拓展】 用递归的方法分别编写求 N 阶乘和最大公约数的通用过程。

实验 6‑11　在 KeyPress 事件过程中完成温度转换

【题目】 编写一个华氏温度与摄氏温度之间转换的程序,界面如图 6.11 所示。

图 6.11　设计界面

要使用转换的公式是:F=9×C÷5+32 　'摄氏温度转换为华氏温度,F 为华氏

C=5×(F-32)÷9 　'华氏温度转换为摄氏温度,C 为摄氏

【分析】 本题没有使用命令按钮,在输入文本时直接完成转换。当用户在摄氏温度文本框中输入结束(以按回车表示,KeyAscii=13),触发 KeyPress 事件,转换结果被输出到华氏温度文本框;同样,也可将华氏转换为摄氏。

【实验步骤】

1. 窗体设计

根据参考界面,需要在窗体上添加两个标签(Label)、两个文本框(TextBox)。

2. 属性设置

参照程序的界面设置每个控件对象设置相应属性。请自行练习设计。

3. 添加程序代码

```
Private Sub Text1_KeyPress(KeyAscii As Integer)
    If KeyAscii=13 Then
        Text2=5/9 * (Text1-32)
    End If
End Sub
```

4. 举一反三

请同学们自行设计编写 Text2_KeyPress 事件过程,实现反向转换。

5. 运行工程,保存文件

分别在文本框中输入数据,验证程序运行结果是否正确。保存窗体和工程文件。

实验 6-12　键盘事件和窗体的 KeyPreview 属性

【题目】　在已知代码的 Form_Load 事件过程中,将窗体 KeyPreview 属性的值先后设置为 False 和 True,每次运行时都从键盘输入小写字母"a",观察执行结果,分析原因。

【分析】　键盘事件有 KeyPress、KeyDown 和 KeyUp。在默认情况下,单击窗体上的控件时,窗体的 KeyPress、KeyDown 和 KeyUp 事件是不会发生的。为了启用这三个事件,必须将窗体的 KeyPreview 属性设为 True,而默认值为 False。

【实验步骤】

1. 窗体设计

只需要在窗体上添加一个文本框(TextBox)即可。

2. 属性设置

清空文本框,将焦点置于其中。

3. 添加程序代码

```
Private Sub Form_Load()
    Me.KeyPreview=False                '修改为 True,再次运行
End Sub
Private Sub Form_KeyDown(KeyCode As Integer, Shift As Integer)
    KeyCode=KeyCode+1
    Print "Form_KeyDown", KeyCode
End Sub
Private Sub Form_KeyPress(KeyAscii As Integer)
    KeyAscii=KeyAscii+2
    Print "Form_KeyPress", KeyAscii
End Sub
Private Sub Form_KeyUp(KeyCode As Integer, Shift As Integer)
    KeyCode=KeyCode+4
    Print "Form_KeyUp", KeyCode
End Sub
Private Sub Text1_KeyPress(KeyAscii As Integer)
    KeyAscii=KeyAscii+8
End Sub
```

4. 运行工程,分析结果

当 Form_Load 中,窗体 KeyPreview 属性值设为 False 时:从键盘输入小写字母"a",文本框中出现的是小写字母"i",窗体上无输出,如图 6.12 所示;

当 Form_Load 中,窗体 KeyPreview 属性值设为 True 时:从键盘输入小写字母"a",文本框中出现的是小写字母"k",窗体上有三行输出,如图 6.13 所示:

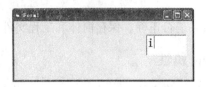
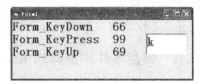

图 6.12　KeyPreview=False 的运行结果　　　　图 6.13　KeyPreview=True 的运行结果

（1）窗体的 KeyPreview 属性设为 True 后，当用户按下并且释放一个键时会先后触发窗体的 KeyDown、KeyPress、KeyUp 事件，然后才是控件的键盘事件；

（2）KeyPress 接收到的是用户通过键盘输入的 ASCII 码字符，例如，当从键盘输入小写字母"a"时，KeyAscii 参数值为 97，而大写字母"A"对应的 KeyAscii 参数值为 65。KeyDown 和 KeyUp 则不管键盘处于小写状态还是大写状态，当用户在键盘按"A"键时，KeyCode 参数值都是 65。

（3）在 KeyDown 和 KeyUp 事件过程中，改变 KeyCode 的值，不会影响其他控件接收到的字符，只有改变 KeyAscii 才能影响。

5. 保存文件

实验 6-13　鼠标事件的使用

【题目】　运行程序，按下鼠标左键，并在窗体上拖动鼠标时，沿鼠标移动可在窗体上画出一系列圆，如图 6.14 所示。给出的程序不完整，请完善程序。

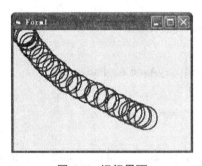

图 6.14　运行界面

【程序代码】

```
Dim Flag As ___(1)___
Private Sub Form_Load()
    DrawWidth=2
End Sub
Sub Form_MouseDown(Button As Integer, Shift As Integer, X As Single, Y As Single)
    If Button=1 Then                '指定按下鼠标左键
        Flag=True
    End If
End Sub
```

```
Sub Form ___(2)___ (Button As Integer, Shift As Integer, X As Single, Y As Single)
    If Flag Then
        ___(3)___ (X, Y), 300
    End If
End Sub


Sub Form_MouseUp(Button As Integer, Shift As Integer, X As Single, Y As Single)
    If Button=1 Then
        Flag= ___(4)___
    End If
End Sub
```

程序参考答案：(1) Boolean (2) MouseMove (3) Circle (4)False

【拓展】 参考此题，用鼠标事件在窗体上输出信息。要求：如果按下鼠标右键并移动，则可在窗体上输出信息，否则不输出。

完善以下代码，实现题目功能：

```
Dim PrintNow As Boolean
Sub Form_MouseDown(Button As Integer, Shift As Integer, X As Single, Y As Single)
    PrintNow=_____
End Sub
Sub Form_MouseUp(Button As Integer, Shift As Integer, X As Single, Y As Single)
    PrintNow=False
End Sub
Sub Form_MouseMove(Button As Integer,Shift As Integer, X As Single, Y As Single)
    If _____And_____Then
        Print "Visual Basic6.0"    '输出信息
    End If
End Sub
Private Sub Form_DblClick()
    Cls
End Sub
Private Sub Form_Load()
    FontSize=16
    FontBold=True
End Sub
```

实验 6-14 与拖放有关的属性、事件和方法

【题目】 "点菜"程序

【说明】 本题也要使用到两个图标文件，操作方法请仿照实验 10-3。

【实验步骤】

1. 窗体设计

如图 6.15 所示,在窗体上添加三个标签(Label)和三个列表框(ListBox)。

2. 属性设置

参考下表,在属性窗口进行设置。

控件名称	属性名称	属性值
标签 1	Name	LblA
	Caption	饮料:
标签 2	Name	LblB
	Caption	主食:
标签 3	Name	LblC
	Caption	我的中饭:
列表框 1	Name	List1
	List	可乐、果汁、牛奶、纯水
	DragMode	0
	DragIcon	"…\ Microsoft Visual Studio\ Common\ Graphics \ | Icons \ Mail\ Mail21a.ico"
列表框 2	Name	List2
	List	面条、水饺、馄饨、米饭
	DragMode	0
	DragIcon	"… Microsoft Visual Studio\ Common\ Graphics \ | Icons \ Mail\ Mail21a.ico"
列表框 3	Name	List3

3. 添加程序代码

```
Private Sub List1_MouseDown(Button As Integer, Shift As Integer, X As Single, Y As Single)
    List1.Drag 1
End Sub
Private Sub List2_MouseDown(Button As Integer, Shift As Integer, X As Single, Y As Single)
    List2.Drag 1
End Sub
Private Sub List3_DragDrop(Source As Control, X As Single, Y As Single)
    If Source.Name="List1" Then
        List3.AddItem List1.List(List1.ListIndex)
```

```
            List1.RemoveItem List1.ListIndex
        Else
            List3.AddItem List2.List(List2.ListIndex)
            List2.RemoveItem List2.ListIndex
        End If
    End Sub
```

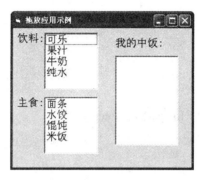

图 6.15　程序参考界面

实验 6–15　弹出式菜单

【题目】　程序运行时,用鼠标右键单击窗体会弹出一个弹出式菜单(如图 6.16 所示)。当选中"计算 100 以内自然数之和"菜单项时,将计算 100 以内自然数之和并放入 Text1 中;当选中"计算 7!"菜单项时,将计算 7! 并放入 Text2 中。

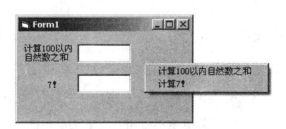

图 6.16　程序运行图

【实验步骤】

1. 界面设计及属性设置

窗体上有 1 个菜单、2 个标签和 2 个文本框。弹出式菜单名称为 mypopmenu,包括 m1 和 m2 两个子菜单项,设置为不可见。

2. 完善程序代码

```
Private Sub Form_MouseDown(Button As Integer, Shift As Integer, X As Single, Y As Single)
    If _____ =2 Then
        PopupMenu _____
```

```
        End If
End Sub


Private Sub m1_Click()
    s=0
    For k=1 To 100
        s=s+k
    Next k
    Text1=s
End Sub


Private Function fact(n As Integer) As Integer
    t=1
    For k=n To 1 _____
        t=t* k
    Next k
    fact=t
End Function


Private Sub m2_Click()
    Text2=_____
End Sub
```

3. 执行程序并保存文件

实验 6-16 菜单与其他控件组合应用

【题目】 程序运行时,若选中"阶乘"单选按钮,则"1000"、"2000"菜单项不可用,若选中"累加"单选按钮,则"10"、"12"菜单项不可用。选中菜单中的一个菜单项后,单击"计算"按钮,则相应的计算结果显示在文本框中(例如:选中"阶乘"和"10",则计算 10!,选中"累加"和"2000",则计算 1+2+3+…+2000)。

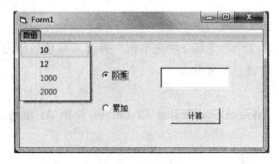

图 6.17 程序界面

【实验步骤】

1. 界面设计及属性设置

窗体上放置 2 个单选按钮，Option1 和 Option2，标题为阶乘和累加。1 个文本框 Text1，1 个命令按钮 Command1。菜单设置参见图 6.17。

2. 完善程序代码

```
Dim n As Integer
Private Sub Command1_Click()
'========学生编写的代码=======



'========学生编写代码结束=======
End Sub

Private Sub m10_Click()
    n=10
End Sub

Private Sub m2000_Click()
    n=2000
End Sub

Private Sub m12_Click()
    n=12
End Sub

Private Sub m1000_Click()
    n=1000
End Sub

Private Sub Option1_Click()
    n=0
    m1000.Enabled=False
    m2000.Enabled=False
    m10.Enabled=True
    m12.Enabled=True
End Sub
```

```
Private Sub Option2_Click()
    n=0
    m10.Enabled=False
    m12.Enabled=False
    m1000.Enabled=True
    m2000.Enabled=True
End Sub
```

第7章 数据文件

目的和要求

- 掌握顺序文件、随机文件和二进制文件的基本操作。
- 掌握顺序文件的建立和数据的写入与读出方法,了解其他类型文件的使用方法。
- 掌握常用文件函数和文件命令的使用方法。

7.1 考试真题

【例7-1】 设有语句:Open "d:\ Text.txt" For Output As #1,以下叙述中错误的是_____。

    A)若 d 盘根目录下无 Text.txt 文件,则该语句创建此文件

    B)用该语句建立的文件的文件号为 1

    C)该语句打开 d 盘根目录下一个已存在的文件 Text.txt,之后就可以从文件中读取信息

    D)执行该语句后,就可以通过 Print# 语句向文件 Text.txt 中写入信息

答案:C

【例7-2】 以下叙述中错误的是_____。

    A)顺序文件中的数据只能按顺序读写

    B)对同一个文件,可以用不同的方式和不同的文件号打开

    C)执行 Close 语句,可将文件缓冲区中的数据写到文件中

    D)随机文件中各记录的长度是随机的

答案:D

【例7-3】 某人编写了下面的程序,希望能把 Text1 文本框中的内容写到 out.txt 文件中

```
Private Sub Comand1_Click()
    Open "out.txt" For Output As #2
    Print "Text1"
    Close #2
End Sub
```

调试时发现没有达到目的,为实现上述目的,应做的修改是_____。

A）把 Print "Text1"改为 Print #2,Text1

B）把 Print "Text1"改为 Print Text1

C）把 Print "Text1"改为 Write "Text1"

D）把所有#2 改为#1

答案：A

【例 7－4】 下列可以打开随机文件的语句是_____。

A）Open "file 1 .dat" For Inpu't As#1

B）Open"file 1 .dat" For Append As#1

C）Open"file1.dat" For Output As#1

D）Open"file1.dat" For Random As#1 Len=20

答案：D

【例 7－5】 以下叙述中错误的是_____。

A）Print # 语句和 Write # 语句都可以向文件中写入数据

B）用 Print # 语句和 Write # 语句所建立的顺序文件格式总是一样的

C）如果用 Print # 语句把数据输出到文件,则各数据项之间没有逗号分隔,字符
串也不加双引号

D）如果用 Write # 语句把数据输出到文件,则各数据项之间自动插入逗号,并且
把字符串加上双引号

答案：B

【解析】 用 Print # 语句和 Write # 语句都可以向文件写入数据,但输出到文件的数
据的格式不同。故 B 选项错误。

用 Print # 语句写入文本文件的数据,字符串不会自动加上双引号,各数据项之间没
有都好分隔,原样输入,方便阅读。适合用 Line Input # 语句读出。

用 Write # 语句写入文本文件的数据,字符串会自动加上""双引号,并且各数据项中
间用,逗号分隔,阅读起来不是很好看。适合用 Input # 语句读出。故 A、C、D 选项正确。

【例 7－6】 下列有关文件的叙述中,正确的是_____。

A）以 Output 方式打开一个不存在的文件时,系统将显示出错信息

B）以 Append 方式打开的文件,既可以进行读操作,也可以进行写操作

C）在随机文件中,每个记录的长度是固定的

D）无论是顺序文件还是随机文件,其打开的语句和打开方式都是完全相同的

答案：C

【例 7－7】 设在工程文件中有一个标准模块,其中定义了如下记录类型:

Type　Books

　　Name　As　String* 10

　　TelNum　As　String* 20

End　Type

在窗体上画一个名为 Command1 的命令按钮,要求当执行事件过程 Command1_Click
时,在顺序文件 Person.txt 中写入一条 Books 类型的记录,下列能够完成该操作的事件过

程是_____。

A）Private　Sub　Command1_Click()

　　　Dim　B　As　Books

　　　Open　"Person.txt"　For　Output　As　#1

　　　B.Name　=　InputBox("输入姓名")

　　　B.Name　=　InputBox("输入电话号码")

　　　Write　#1,　B.Name,　B.TelNum

　　　Close　#1

　　End　Sub

B）Private　Sub　Command1_Click()

　　　Dim　B　As　Books

　　　Open　"Person.txt"　For　Output　As　#1

　　　B.Name　=　InputBox("输入姓名")

　　　B.Name　=　InputBox("输入电话号码")

　　　Print　#1,　B.Name,　B.TelNum

　　　Close　#1

　　End　Sub

C）Private　Sub　Command1_Click()

　　　Dim　B　As　Books

　　　Open　"Person.txt"　For　Output　As　#1

　　　B.Name　=　InputBox("输入姓名")

　　　B.Name　=　InputBox("输入电话号码")

　　　Write　#1,　B

　　　Close　#1

　　End　Sub

D）Private　Sub　Command1_Click()

　　　Dim　B　As　Books

　　　Open　"Person.txt"　For　Output　As　#1

　　　B.Name　=　InputBox("输入姓名")

　　　B.Name　=　InputBox("输入电话号码")

　　　Print　#1,　Name,TelNum

　　　Close　#1

　　End　Sub

答案：A

【解析】 数据文件的写操作分为 3 步，即打开文件、写入文件和关闭文件。

首先，在顺序文件中打开文件写入数据的打开方式为：Open 文件名 For Output As # 文件号。因此 B、C 选项排除，只看 A、D 选项。

写入顺序文件 Print # 语句格式为：Print # 文件号,变量名,变量名…,Write 语句的格式与 Print 语句一样:Write # 文件号,变量名,变量名。而记录类型变量不能整体引用,需要指明记录变量中的成员名,格式为:记录变量名.成员名,Books 类型变量 B 成员 Name 和 TelNum 赋值和引用应该是 B.Name、B.TelNum,因此 A 选项正确。

【例 7-8】 窗体上有 1 个名称为 Text1 的文本框和 1 个名称为 Command1 的命令按钮。要求程序运行时,单击命令按钮,就可以把文本框中的内容写到文件 out.txt 中,每次写入的内容附加到文件原有内容之后。下面能够实现上述功能的程序是_____。

A) Private Sub Command1_Click()
   Open "out.txt" For Inpit As#1
   Print#1,Text1.Text
   Close#1
End Sub

B) Private Sub Command1_Click()
   Open "out.txt" For Outpit As#1
   Print#1,Text1.Text
   Close#1
End Sub

C) Private Sub Command1_Click()
   Open "out.txt" For Append As#1
   Print#1,Text1.Text
   Close#1
End Sub

D) Private Sub Command1_Click()
   Open "out.txt" For Random As#1
   Print#1,Text1.Text
   Close#1
End Sub

答案:C

【例 7-9】 在窗体上画一个文本框,其名称为 Text1,在属性窗口中把该文本框的 MultiLine 属性设置为 True,然后编写如下的事件过程:

```
Private Sub Form_Click()
    Open "d:\ test\ smtext1.Txt" For Input As #1
        Do While Not   (1)
            Line Input #1, aspect$
            Whole$=whole$+aspect$+Chr$(13)+Chr$(10)
        Loop
        Text1.Text=whole$
         (2)
        Open "d:\ test\ smtext2.Txt" For Output As #1
        Print #1,   (3)
        Close #1
    End Sub
```

运行程序,单击窗体,将把磁盘文件 smtext1.txt 的内容读到内存并在文本框中显示出来,然后把该文本框中的内容存入磁盘文件 smtext2.txt。请填空。

答案:(1) EOF(1) ;(2) Close #1;(3) Text1.text

【例 7-10】 窗体上有名称为 Command1 的命令按钮及名称为 Text1、能显示多行文本的文本框。程序运行后,如果单击命令按钮,则可打开磁盘文件 c:\ test.txt,并将文件中的内容(多行文本)显示在文本框中。下面是实现此功能的程序,请填空。

Private Sub Command1_Click()

Text1=""

Number=FreeFile

Open "c:\ test.txt" For Input As Number

Do While Not EOF(___(1)___)

    Line Input #Number, s

    Text1.Text=Text1.Text + ___(2)___ +Chr(13)+Chr(10)

Loop

Close #Number

End Sub

答案：(1) Number；(2) s

【例 7－11】 在当前目录下有一个名为"myfile.txt"的文本文件，其中有若干行文本。下面程序的功能是读入此文件中的所有文本行，按行计算每行字符的 ASCII 码之和，并显示在窗体上。请填空。

Private Sub Command1_Click()

    Dim ch$, ascii As Integer

    Open "myfile.txt" For ___(1)___ As #1

    While Not EOF(1)

        Line Input #1, ch

        ascii=toascii(___(2)___)

        Print ascii

    Wend

        Close #1

End Sub

Private Function toascii(mystr$) As Integer

    n=0

    For k=1 To ___(3)___

        n=n+Asc(Mid(mystr,k,1))

    Next k

    toascii=n

End Function

答案：(1) Input；(2) ch；(3) len(mystr)

【例 7－12】 下面程序的功能是把文件 file11.txt 中重复字符去掉后（即若有多个字符相同，则只保留 1 个）写入文件 file2.txt。请填空。

Private Sub Command4_Click()

    Dim inchar As String, temp As String, outchar As String

    outchar=" "

    Open "d:\ file1.txt" For Input As #1

    Open "d:\ file2.txt" For Output As ___(1)___

```
        n=LOF(1)
        inchar=Input$(n, 1)
        For k=1 To n
            temp=Mid(inchar, k, 1)
            If InStr(outchar, temp)=___(2)___ Then
                outchar=outchar & temp
            End If
        Next k
        Print #2,___(3)___
        Close #2
        Close #1
    End Sub
```

答案：(1) #2;(2) 0;(3) outchar

【例 7－13】 为了把一个记录型变量的内容写入文件中指定的位置,所使用的语句的格式为_____。

A) Get 文件号,记录号,变量名

B) Get 文件号,变量名,记录号

C) Put 文件号,变量名,记录号

D) Put 文件号,记录号,变量名

答案：D

7.2 上机指导

注意：本章以下所列实验需要的文本数据文件需要考生自己事先自己建立,等级考试时需要的文本数据考试系统提供,不需要自己建立。

实验 7－1 字符读取

【题目】 在考生文件夹下有文件 in7－1.txt,编程将一文本文件的内容分别通过一个一个读取、一行一行读取以及一次性读取到文本框中,如图 7.1 所示。

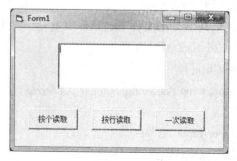

图 7.1 程序界面图

```
Private Sub Command1_Click()    '按个读取
Dim inputdata As String
Text1.Text=""
OpenApp.Path & "\ 7-1in.txt" For Input As 1
Do While Not EOF(1)
Input #1, inputdata
Text1.Text=Text1.Text & inputdata
Loop
Close #1
End Sub


Private Sub Command2_Click()    '按行读取
Dim inputdata As String
Text1.Text=""
OpenApp.Path & "\ 7-1in.txt" For Input As 1
Do While Not EOF(1)
Line Input #1, inputdata
Text1.Text=Text1.Text & inputdata & vbCrLf
Loop
Close #1
End Sub


Private Sub Command3_Click()    '一次性读取
Dim inputdata As String
Text1.Text=""
OpenApp.Path & "\ 7-1in.txt" For Input As 1
n=LOF(1)
inputdata=Input(n, #1)
Text1.Text=Text1.Text & inputdata
Close #1
End Sub
```

实验 7-2 统计数字字符

【题目】 程序功能如下：

在考生文件夹下有文件 in.txt，文件中有字符串"0&1%$s#2&3! 45u6ydf7ff@ 8| {9er"。请在Forml的窗体上画一个文本框，名称为 Text1，能显示多行；再画一个命令按钮，名称为 Cl，标题为"存盘"。编写适当的事件过程，使得在加载窗体时，把 in5.txt 文件的内容中数字字符显示在文本框里。然后单击"存盘"按钮，把文本框中的内容存到文件 out.txt 中。

上 Visual Basic 程序设计实践教程

如图 7.2 所示。

图 7.2　程序界面图

根据题目要求,所编写程序如下:

```
Private Sub Command1_Click()
Open App.Path & "\ out.txt" For Output As #2
        Print #2, Text1.Text
Close #2
End Sub
```

```
Private Sub Form_Load()
    Dim s As String
    Dim n As Integer, i As Integer, c As String
    Open App.Path & "\ In.txt" For Input As #1
        Do While Not EOF(1)
            Input #1,s
        Loop
    Close #1
```

```
    n=Len(s)
    For i=1 To n
        c=Mid(s,i,1)
        If c >="0" And c <="9" Then
            Text1.Text=Text1.Text+ c
        End If
    Next i
End Sub
```

实验 7－3　统计最大数、最小数

【题目】　程序功能如下:

在考生文件下有文件 in.txt,文件有 10 个数据:123 521 362 821 400 300 710 990 120 500。请在 Form1 的窗体上画一个文本框,名称为 Text1,能显示多行;再画一个命令按钮,名称为 C1,标题为"存盘"。编写适当的事件过程,使得在加载窗体时,把 in5.txt 文件的内容显示在文本框里,然后统计 10 个数的最大数、最小数和它们的和,并把最大数、最小数和它们的和写到"out.txt"文件中。如图 7.3 所示。

图 7.3　程序界面图

根据题目要求,所编写程序如下:

```
Dim a(10) As Integer, max As Integer, min As Integer, sum As Long
Private Sub Commandl_Click()
Open App.Path & "\ out.txt" For Output As #2
    Print #2,max, min, sum
Close 2
End Sub
Private Sub Form_Loda()
    Dim i As Integer
    Open App.Path & " \ In.txt" For Input As #1
        For i=1 to 10
            Input #1, a(i)
            Text1. Text=Text1.Text & a(i) & Space(1)
        Next i
    Close #1
For i=1 To 10
        max=a(1):min=a(1)
If a(i)> max Then
            max=a(i)
        End If
        If a(i)< min Then
            min=a(i)
        End If
        sum=sum+a(i)
    Next i
End Sub
```

实验 7−4　统计人数

【题目】　程序功能如下:

(1)7−4 in.dat 文件中存有 10 个考生的考号及数学和语文单科考试成绩。单击"读数据"按钮,可以将 7－4in.dat 文件内容读入到 10 行 3 列的二维数组 a 中,并同时显示在 Text1 文本框内。

(2) 单击"统计"按钮,则对考生数学和语文的平均分在"优秀"、"通过"和"不通过"三个分数段的人数进行统计,并将人数统计结果显示在控件数组 Text2 中相应位置。其中,平均分在 85 分以上(含 85 分)为"优秀",平均分在 60~85 分之间(含 60 分)为"通过",平均分在 60 分以下为"不通过"。

【实验步骤】

1. 界面设计及属性设置

窗体中含有 1 个初始内容为空的文本框 Text1;1 个包含三个元素的文本框控件数组 Text2;2 个标题分别是"读数据"和"统计"的命令按钮 Command1 和 Command2;2 个分别含有三个元素的标签控件数组 Label1 和 Label2,如图 7.4 所示。

图 7.4 程序运行图

2. 完善程序代码

```
Option Base 1
Dim a(10, 3) As Integer
Private Sub Command1_Click()
    Open App.Path & "\ 7-4in.dat" For Input As #1
    For i=1 To10
        For j=1 To 3
            Input #1, a(i, j)
            Text1=Text1+Str(a(i, j))+Space(4)
        Next j
        Text1=Text1+Chr(13)+Chr(10)
    Next i
    Close #1
End Sub


Private Sub Command2_Click()
    Dim x(3) As Integer
    For i=1 To10
        _____=(a(i, 2)+a(i, 3))/2
        Select Case Avg
            Case _____
                x(1)=x(1) +1
            Case
                x(2)=x(2) +1
            Case Is <60
```

$$x(3)=x(3)+1$$

Next i

For n=1 To 3

_____ =x(n)

Next n

End Sub

3. 执行程序并保存文件

实验 7-5 含有特定字母的单词个数

【题目】 程序功能如下：

（1）单击"读数据"按钮，则把考生文件夹下 7-5in.dat 文件的内容（该文件中仅含有字母和空格）显示在 Text1 文本框中；

（2）在 Text1 中选中部分文本，并单击"统计"按钮，则以不区分大小写字母的方式，自动统计选中文本中同时出现"o"、"n"两个字母的单词的个数（如：million、company 都属于满足条件的单词），并按统计结果显示在 Text2 文本框内。

【实验步骤】

1. 界面设计及属性设置

窗体中含有 1 个文本框 Text1，初始内容为空，可多行显示，且带有垂直滚动条；1 个文本框 Text2，初始内容为空；1 个标签，Caption 值为"选中文本中同时含有字母 o、n 的单词个数为"；2 个命令按钮 Command1 和 Command2，Caption 值为"读数据"和"统计"。具体布局参见图 7.5。

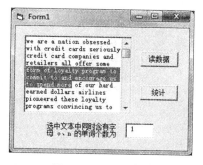

图 7.5 程序运行图

2. 完善程序代码

```
Dim s As String
Private Sub Command1_Click()
    Open App.Path & " \ 7-5in.dat" For Input As #1
    s=Input(LOF(1) , #1)
    Close #1
    Text1.Text=s
```

```vb
End Sub


Private Sub Command2_Click()
Dim m As Integer
If Len(s)=_____ Then
        MsgBox "请先使用"读数据"功能!"
Else
        If Text1._____=0 Then
            MsgBox "请先选中文本!"
        Else
            t=""
            For i=1 To Text1.SelLength
            c=Mid(Text1.SelText, i, 1)
            If c <>" " Then
                t=t+c
            Else
                x=_____
                If InStr(x, "o") <>0 And InStr(x, "n") <>0 Then
                    m=m+1
                End If
                t=""
            End If
            Next i
            _____=Str(m)
        End If
End If
End Sub
```

3. 执行程序并保存文件

实验 7-6 素数

【题目】 程序功能是:

(1) 单击"读数据"按钮,则将考生文件夹下 7-6in.dat 文件中的 20 个正整数读入数组 a 中,同时显示在 Text1 文本框中;

(2) 单击"素数"按钮,则将数组 a 中所有素数(只能被 1 和自身整除的数称为素数)存入数组 b 中,并将数组 b 中的元素显示在 Text2 文本框中。

【实验步骤】

1. 界面设计及属性设置

窗体上含有 2 个文本框 Text1 和 Text2,初始内容都为空,都能显示多行文本,且都带有垂直滚动条;2 个命令按钮 Command1 和 Command2,Caption 为"读数据"和"素数"。具体布局参见图 7.6。

图 7.6 程序运行图

2. 完善程序代码

Option Base 1

Dim a(20) As Integer, num As Integer

Private Sub Command1_Click( )

Dim k As Integer

Open App.Path & "\ 7-6in.dat" For Input As #1

    For k=1 To 20

        Input #1, a(k)

        Text1=Text1+Str(a(k))+Space(2)

    Next k

    Close #1

End Sub

Private Sub Command2_Click( )

    Dim b(20) As Integer

    num=0

    If Len(Text1.Text)=0 Then

        MsgBox "请先执行"读数据"功能!"

    Else

        ' 考生编写(功能:生成存放素数的数组 b)

        ' 注意:请务必将数组 b 的元素个数存入变量 num 中

'========考生编写的代码=======

```
'========考生编写代码结束=======
        '以下程序段将 b 数组的内容显示在 Text2 中
        For i=1 To num
                Text2.Text=Text2.Text+Str(b(i))+Space(2)
        Next i
    End If
End Sub
Private Sub Form_Unload(Cancel As Integer)
    Open App.Path & "\ 7-6out.dat" For Output As #1
    Print #1, Text2.Text
    Close #1
End Sub
```

3. 执行程序并保存文件

实验 7－7　随机文件操作

【题目】　应用随机文件,实现学生信息的查阅和添加。记录文件中每个记录字段内容有:学号、姓名、年龄、性别。

【要求】　程序运行时,将"F:\ Student.DAT"文件打开,并显示第一条记录的内容;如果文件为空,则在信息框中说明并要求输入数据。利用按钮可以移动记录进行浏览。可以在文件最后添加新记录。

【分析】　首先在标准模块中用 Type 建立一个记录结构类型,字符串类型字段用定长说明;程序初始化部分在 Form_Load()和 Form_Activate()中完成,需要判断随机文件是否存在,并根据判断作相应的操作;记录移动和添加记录操作由 4 个命令按钮分别完成。

【实验步骤】

1. 窗体设计

在窗体上放置一个 Label 控件数组(4 个元素)、一个 TextBox 控件数组(4 个元素)、一个 CommandButton 控件数组(4 个元素,分别放在两个框架中),另外放置一个标签控件、一个图片框控件和一个命令按钮。具体布局见图 7.7。

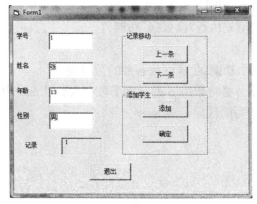

图 7.7　程序运行图

2. 属性设置

请参照界面和代码自行设置各对象的属性。

3. 添加程序代码

（1）在模块中添加代码。

```
Option Explicit
Type Students
        Number As String * 4
        StuName As String * 4
        Age As Integer
        Sex As String * 2
End Type
```

（2）在窗体中添加代码。

```
    Option Explicit
Dim STUDENT As Students
Dim CurrentRec As Integer
Dim LastRec As Integer
Dim FileNum As Integer


Private Sub Command1_Click(Index As Integer)
    Dim i As Integer
    Select Case Index
        Case 0                       '上移一条记录操作
            If CurrentRec>1 Then
                CurrentRec=CurrentRec-1        '上移一条记录
                Picture1.Cls               '清除图片框中的内容
                Picture1.Print CurrentRec   '在图片框中显示当前记录号
                Get #FileNum, CurrentRec, STUDENT '从文件中读出当前记录
                Text1(0)=STUDENT.Number
                Text1(1) =STUDENT.StuName
                Text1(2) =STUDENT.Age
                Text1(3) =STUDENT.Sex
            Else
                MsgBox "现为第一条记录,不能上移", vbInformation, "提示"
            End If
        Case 1                       '下移一条记录操作
            If CurrentRec <LastRec Then
            CurrentRec=CurrentRec+1 '下移一条记录
            Picture1.Cls                  '清除图片框中的内容
```

```
            Picture1.Print CurrentRec        '在图片框中显示当前记录号
            Get #FileNum, CurrentRec, STUDENT '从文件中读出当前记录
            Text1(0)=STUDENT.Number
            Text1(1) =STUDENT.StuName
            Text1(2) =STUDENT.Age
            Text1(3) =STUDENT.Sex
        Else
            MsgBox "现为最后一条记录，不能下移", vbInformation, "提示"
        End If
        Case 2                  '添加记录操作
            For i=0 To 3
                Text1(i)=""
            Next i
            Text1(0).SetFocus
        Case 3                  '保存记录操作
            STUDENT.Number=Text1(0)
            STUDENT.StuName=Text1(1)
            STUDENT.Age=Val(Text1(2) )
            STUDENT.Sex=Text1(3)
            LastRec=LastRec+1               '在最后增加一条记录
            CurrentRec=LastRec
            Put #FileNum, LastRec, STUDENT          '写入记录
            Picture1.Cls
            Picture1.Print CurrentRec
    End Select
End Sub


Private Sub Command2_Click()
    End
End Sub


Private Sub Form_Activate()
    Picture1.Cls
    Picture1.Print CurrentRec
End Sub


Private Sub Form_Load()
    Dim i As Integer
```

```
        FileNum=FreeFile()
        Open App.Path+" \ Student.DAT" For Random As #FileNum _
    Len=Len(STUDENT)
        LastRec=LOF(FileNum)/Len(STUDENT) '计算文件记录个数
        If LastRec=0 Then
            For i=0 To 3
                Text1(i)=""
            Next i
            CurrentRec=0
            MsgBox "文件空,无记录,请添加数据", vbInformation, "提示"
        Else
            CurrentRec=1
            Get #FileNum, CurrentRec, STUDENT
            Text1(0)=STUDENT.Number
            Text1(1) =STUDENT.StuName
            Text1(2) =STUDENT.Age
            Text1(3) =STUDENT.Sex
        End If
End Sub
```

4. 执行程序并保存文件

第8章 文件管理与公共对话框控件

目 的 和 要 求

- 掌握通用对话框、文件对话框的使用方法。
- 掌握其他对话框(颜色,字体,打印对话框)的使用方法。

8.1 考试真题

【例8-1】 在窗体上有1个名为Cd1的通用对话框,为了在运行程序时打开保存文件对话框,则在程序总应使用的语句是_____。

　　A)Cd1.Action=2 　　　　　　　　B)Cd1.Action=1

　　C)Cd1.ShowSave=Ture 　　　　　D)Cd1.ShowSave=0

答案:A

【例8-2】 在窗体上画一个通用对话框,其名称为CommonDialog1,然后画一个命令按钮,并编写如下事件过程:

```
Private Sub Command1_Click()
    CommonDialog1. Filter="All Files(*.*)|*.*  Text Files"&_
        "(*.txt)|*.txt|  Executable Files(*.exe)|*.exe"
    CommonDialog1. Filterindex=3
    CommonDialog1. Show Open
    MsgBox CommonDialog1. FileName
End Sub
```

程序运行后,单击命令按钮,将显示一个"打开"对话框,此时在"文件类型"框中显示的是_____。

　　A)All Files(*.*) 　　　　　　　　B)Text files(*.txt)

　　C)Executable Files(*.exe) 　　　D)不确定

答案:C

【例8-3】 下列关于通用对话框 CommonDialog1 的叙述中,错误的是_____。

　　A)只要在"打开"对话框中选择了文件,并单击"打开"按钮,就可以将选中的文件打开

　　B)使用 CommonDialog1.ShowColor 方法,可以显示"颜色"对话框

　　C）CancelError 属性用于控制用户单击"取消"按钮关闭对话框时,是否显示出错
　　　误警告

　　D）在显示"字体"对话框前,必须先设置 CommonDialog1 的 flags 属性,否则会
　　　出错

答案:A

【例 8－4】　窗体上有一个名称为 CD1 的通用对话框控件和由四个命令按钮组成的
控件数组 Command1,其下标从左到右分别为 0、1、2、3,窗体外观如图 8.1 所示。命令按钮
的事件过程如下:

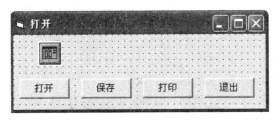

图 8.1　窗口外观

```
Private Sub Command1_Click(Index As Integer)
    Select Case Index
            Case 0: CD1.Action=1
            Case 1: CD1.ShowSave
            Case 2: CD1.Action=5
            Case 3: End
    End Select
End Sub
```

对上述程序,下列描述中错误的是_____。

　　A）单击"打开"按钮,显示打开文件的对话框

　　B）单击"保存"按钮,显示保存文件的对话框

　　C）单击"打印"按钮,能够设置打印选项,并执行打印操作

　　D）单击"退出"按钮,结束程序的运行

答案:C

【例 8－5】　以下叙述中错误的是_____。

　　A）在程序运行时,通用对话框控件是不可见的

　　B）调用同一个通用对话框控件的不同方法(如 ShowOpen 或 ShowSave)可以打开
　　　不同的对话框窗口

　　C）调用通用对话框控件的 ShowOpen 方法,能够直接打开在该通用对话框中指定
　　　的文件

　　D）调用通用对话框控件的 ShowColor 方法,可以打开颜色对话框窗口

答案:C

【例 8－6】　在窗体上有 1 个名称为 CommonDialog1 的通用对话框和 1 个名称为

Command1 的命令按钮,以及其他一些控件。要求在程序运行时,单击 Command1 按钮,则显示打开文件对话框,并在选择或输入了 1 个文件名后,就可以打开该文件。以下是 Command1_Click 事件过程的两种算法。

算法 1:

```
Private Sub Command1_Click()
      CommonDialog1.ShowOpen
      Open CommonDialog1.FileName For Input As#1
End Sub
```

算法 2:

```
Private Sub Command1_Click()
      CommonDialog1.ShowOpen
      If CommonDialog1.FileName<>""Then
          Open CommonDialog1.FileName For Input As#1
      End If
End Sub
```

下面关于这两种算法的叙述中正确的是_____。

    A)显示打开文件对话框后若未选择或输入任何文件名,则算法 2 会出错,算法 1 不会

    B)显示打开文件对话框后若未选择或输入任何文件名,则算法 1 会出错,算法 2 不会

    C)两种算法的执行结果完全一样

    D)算法 1 允许输入的文件名中含有空格,而算法 2 不允许

答案:B

【例 8-7】 窗体上有一个名称为 CD1 的通用对话框。通过菜单编辑器建立如图 8.2(a)所示的菜单。程序运行时,如果单击“打开”菜单项,则执行打开文件的操作,当选定了文件(例如: D:\in.txt)并打开后,该文件的文件名会被添加到菜单中,如图 8.2(b)所示。各菜单项的名称和标题等定义如下表。

标题	名称	内缩	索引	可见
文件	File	无	无	True
打开	mnuOpen	…	无	True
关闭	mnuClose	…	无	True
	mnu	…	无	True
(空)	FName	…	0	False

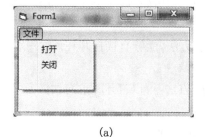

(a)

(b)

图 8.2 通用对话框

以一下是单击"打开"菜单项的事件过程,请填空。

Dim mnuCounter As Integer

Private Sub mnuOpen_ Click()

CD1. ShowOpen

　　If CD1.FileName<>""Then

　　Open ＿＿(1)＿＿ For Input As#1

　　mnuCounter=mnuCounter+1

　　Load FName(mnuCounter)

　　FName(mnuCounter).Caption=CD 1.FileName

　　FName(mnuCounter).＿(2)＿=True

　　Close#1

　　End If

End Sub

答案:(1) CD1.FileName;(2) Visible

【**例 8－8**】　在窗体上画一个通用对话框,其名称为 CommonDialog1,然后画一个命令按钮,并编写如下事件过程:

Private Sub Command1_Click()

CommonDialog1.Filter="All Files(*.*)|*.*|Text Files"&_

"(*.txt)|*.txt|Batch Files(*.bat)|*.bat"

　　CommonDialog1.FilterIndex=1

　　CommonDialog1.ShowOpen

　　MsgBox CommonDialog1.FileName

End Sub

程序运行后,单击命令按钮,将显示一个"打开"对话框,此时在"文件类型"框中显示的是＿(1)＿;

如果在对话框中选择 d 盘 temp 目录下的 tel.txt 文件,然后单击"确定"按钮,则在 MsgBox 信息框中显示的提示信息是＿(2)＿。

答案:(1) All Files(*.*);　(2) d:\ temp\ tel.txt

【**例 8－9**】　如图 8.3 所示,命令按钮的单击事件过程如下:

Private Sub Command1_Click()

　　CD1.ShowOpen

　　Open CD1.FileName For Input As #1

　　MsgBox CD1.FileName

　　Line Input #1,s

　　Text1.Text=s

　　Close#1

End Sub

图 8.3　对话框

单击命令按钮,执行以上事件过程,打开选定的文件,读取文件的内容并显示在文本框中.以下叙述中正确的是_____。

　　A）程序没有错误,可以正确完成打开文件、读取文件中内容的操作

　　B）执行 Open 命令时出错,因为没有指定文件的路径

　　C）Open 语句是错误的,应把语句中的 For Input 改为 For Output

　　D）Line Input 命令格式错

答案:A

【解析】　第 1 条语句中用 ShowOpen 方法显示"打开"对话框后,在对话框中选中文件,单击"打开"按钮后,CD1.FileName 属性就会返回打开文件的路径,所以用 Open 语句打开文件时,就可用 CD1.FileName 指定打开文件的路径,故 B 选项说法错误。

因为第 4 条语句中要用 Line Input 从文件读取数据,故用 Open 语句打开文件时用 Input 模式打开是正确的,故 C 选项说法错误。

Line Input 命令格式为:Line Input #　文件号,变量名,题中 Line Input 语句格式正确。故 D 选项错误。

本题程序无错误,能实现所说功能,故 A 选项正确。

【例 8－10】　窗体上有一个名称为 Text1 的文本框,一个名称为 Command1 的命令按钮。以下程序的功能是从顺序文件中读取数据:

```
Private Sub Command1_Click()
    Dim s1 As String, s2 As String
    Open "c:\d4.dat" For Append As #3
    Line Input #3，s1
    Line Input #3，s2
    Text1.Text=s1＋s2
    Close
End Sub
```

该程序运行时有错误,应该进行的修改是_____。

　　A）将 Open 语句中的 For Append 改为 For Input

　　B）将 Line Input 改为 Line

　　C）将两条 Line Input 语句合并为 Line Input #3，s1,s2

　　D）将 Close 语句改为 Close #3

答案:A

【解析】　文件打开方式中的 Append 意味着打开的文件是顺序输出方式,也就是说打开文件是为了向其中写入数据的而不是要读出数据。因此 Open "c:\d4.dat" For Append As #3 应该改为 Open "c:\d4.dat" For Input As #3。所以 A 选项正确。Clsoe 语句中的文件号可以省略,这时会关闭所有打开的文件。

【例 8－11】　在设窗体上有一个通用对话框控件 CD1,希望在执行下面程序时,打开如图 8.4 所示的文件对话框:

```
Private Sub Command1_Click()
    CD1.DialogTitle="打开文件"
```

```
        CD1.InitDir="C:"
        CD1.Filter="所有文件|*.*|Word 文档|*.doc|文本文件|*.txt"
        CD1.FileName=""
        CD1.Action=1
        If CD1.FileName=""Then
            Print"未打开文件"
        Else
            Print"要打开文件"& CD1.FileName
        End If
End Sub
```

图 8.4   打开对话框

但实际显示的对话框中列出了 C:\ 下的所有文件和文件夹,"文件类型"一栏中显示的是"所有文件"。下面的修改方案中正确的是_____。

A）把 CD1.Action=1 改为 CD1.Action=2

B）把"CD1.Filter="后面字符串中的"所有文件"改为"文本文件"

C）在语句 CD1.Action=1 的前面添加:CD1.FilterIndex=3

D）把 CD1.FileName="" 改为 CD1.FileName="文本文件"

答案:C

【解析】 在通用对话框控件中,Filter 属性指定了在对话框中显示的文件类型,该属性可以设置多个文件类型,每种文件类型由文件描述和文件通配符与扩展名组成,并由"|"隔开。FilterIndex 属性用来指定默认的过滤器,Filter 属性中设置了多个过滤器后,每个过滤器的对应的值按从左到右顺序是 1、2…,FilterIndex 属性默认为 1,即第一个过滤器,因此程序中会显示 C:\ 下的所有文件。应该在通话框打开之前(CD1.Action=1 之前)添加 CD1.FilterIndex=3,即使默认过滤器为第 3 个过滤器。

8.2 上机指导

实验 8-1 文件系统控件

【题目】 请编写适当的程序,使得这三个文件系统控件可以同步变化,即当驱动器列表框中显示的内容发生变化时,目录列表框和文件列表框中显示的内容同时发生变化。单击文件列表框时,将选中的文件名显示在 Label2 中。

要求:程序不得使用变量,事件过程中只能写一条语句。

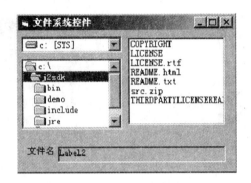

图 8.5 程序运行图

【实验步骤】

1. 界面设计及属性设置

窗体的名称为 Form1,标题设置为"文件系统控件"。在窗体上画 1 个名称为 Drive1 的驱动器列表框;1 个名称为 Dir1 的目录列表框;1 个名称为 File1 的文件列表框;名称为 Label1、标题为"文件名"的标签和名称为 Label2、BorderStyle 为 1 的标签。具体布局如图 8.5 所示。

2. 添加程序代码

```
Private Sub Dir1_Change()
        File1.Path=Dir1.Path
End Sub


Private Sub Drive1_Change()
        Dir1.Path=Drive1.Drive
End Sub


Private Sub File1_Click()
        Label2.Caption=File1.FileName
End Sub
```

3. 执行程序并保存文件

实验 8−2　文件系统控件综合应用

【题目】　(1) 如图 8.6 所示。在窗体上添加含有两个单选钮的控件数组，其名称为 Option1，单选按钮的下标分别为 0、1，Caption 属性分别为"驱动器为 C"及"列 txt 文件"。运行程序时，驱动器列表框、目录列表框和文件列表框三个控件能够同步变化。

1) 单击"驱动器为 C"单选按钮，则驱动器列表框的当前驱动器被设为"C"。

2) 单击"列 txt 文件"单选按钮，则文件列表框中只显示 txt 类型的文件。

3) 单击文件列表框中的某个文件时，被选中的文件名显示在"当前文件"右侧的标签中。

请按照题目要求，设置有关属性，完善程序代码。

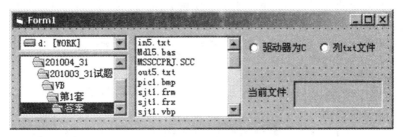

图 8.6　程序界面

【实验步骤】

1. 界面设计及属性设置

2. 完善程序代码

```
Private Sub Dir1_Change()
    File1.Path=  (1)
End Sub


Private Sub Drive1_Change()
    Dir1.Path=  (2)
End Sub


Private Sub File1_Click()
    Label2.Caption=File1.FileName
End Sub


Private Sub Option1_Click(Index As Integer)
    If   (3)  =0 Then
        Drive1.Drive="c:\"
        File1.Pattern="*.*"
```

```
        Else
            File1.Pattern=   (4)
        End If
    End Sub
```

3. 执行程序并保存文件

程序参考答案：(1) Dir1.Path　(2) Drive1.Drive　(3) Index　(4)"*.txt"

实验 8-3　通用对话框属性设置

【题目】　在名称为 Form1 的窗体上画 2 个名称分别为 Command1 与 Command2、标题分别为"打开"及"保存"的命令按钮，和 1 个名称为 CD1 的通用对话框（通用对话框通常不会在 VB 默认工具箱中列出，需要选择【工程】→【部件】菜单，在弹出的【部件】对话框的【控件】选项卡里的列表中勾选"MicroSoft Common Control6.0"项目，单击"确定"按钮）。如图 8.6 所示。请在属性窗口中设置 CD1 的属性，使得打开通用对话框时，其初始路径是"C:\"。再编写适当的事件过程，使得运行程序，分别单击"打开"或"保存"按钮时，相应地出现"打开"或"保存"对话框。

要求：程序中不得使用变量，每个事件过程中只能写一条语句。

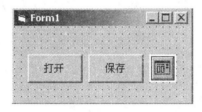

图 8.7　程序界面

【实验步骤】　略。

实验 8-4　用通用文件对话框打开文件

【题目】　程序运行时，单击"读入文件"按钮，将显示一个"打开"对话框，可以在该对话框中选择考生文件夹下的文本文件 in8.6.txt，并把该文件的内容显示到 Text1 文本框中。

【实验步骤】

1. 界面设计及属性设置

窗体上放置 1 个通用对话框 CD1；1 个文本框 Text1，可显示多行文本，Text 值为空；1 个命令按钮 Command1，Caption 值为"读入文本"。具体布局参见图 8.8 所示。

2. 完善程序代码

```
Private Sub Command1_Click()
    Dim n As Long
```

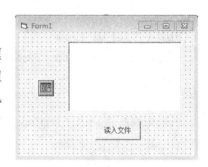

图 8.8　程序界面图

CD1.FileName=""

CD1._____="所有文件|*.*| 文本文件|*.txt| Word 文档|*.doc"

CD1.FilterIndex=2

CD1._____

If CD1.FileName <>"" Then

    Open _____ For Input As #1

    n=LOF(1)

    Text1=Input$(n, #1)

    Close _____

End If

End Sub

3. 执行程序并保存文件

实验 8–5　字体对话框和颜色对话框的设置及应用

【题目】 单击"字体"按钮,打开字体对话框,设置字体、字号等后单击确定,设置文本框中文字效果。单击"颜色"按钮,打开颜色对话框,选中某个颜色后确定,文本框中文字的颜色被设置为选中的颜色。单击"打印"按钮,打开打印对话框。

【实验步骤】

1. 界面设计及属性设置

窗体上放置 1 个通用对话框,3 个按钮,单击相应按钮,可以设置文本框中文字的颜色及字体。具体布局如图 8.9 所示。

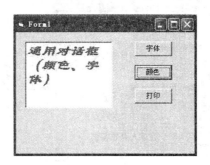

图 8.9　程序运行图

2. 添加程序代码

Private Sub Command1_Click()

    CD1.Flags=cdlCFBoth

    CD1.ShowFont

    Text1.FontName=CD1.FontName

    Text1.FontBold=CD1.FontBold

    Text1.FontItalic=CD1.FontItalic

    Text1.FontSize=CD1.FontSize

```
            Text1.FontStrikethru=CD1.FontStrikethru
            Text1.FontUnderline=CD1.FontUnderline
End Sub


Private Sub Command2_Click()
            CD1.ShowColor
            Text1.ForeColor=CD1.Color
End Sub


Private Sub Command3_Click()
            CD1.ShowPrinter
End Sub
```
3. 执行程序并保存文件

实验 8‑6　通用对话框综合练习

【题目】　设计程序。实现简单文本编辑器具有的"打开"、"保存"、"颜色设置"、"字体设置"和"打印"等功能。窗体如图 8.10 所示。

提示：窗体设计如图所示，其中包含一个通用对话框（CommonDialog1），一个文本框（Text1）和六个命令按钮（Command1~Command6）。

此处仅提供"打开"功能的实现代码，其他功能自己思考实现。

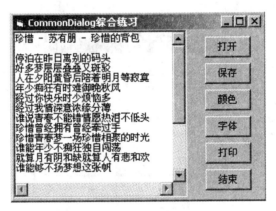

图 8.10　窗体设计

参考代码：
```
Private Sub Command1_Click()          ' 打开
        CommonDialog1.ShowOpen
        Text1.Text=""
        Open CommonDialog1.FileName For Input As #1
        Do While Not EOF(1)
```

```
        Line Input #1, inputdata
        Text1.Text=Text1.Text+inputdata+Chr(13)+Chr(10)
    Loop
    Close #1
End Sub
```

第9章 图形处理

- 掌握使用图形方法绘制典型的图形。
- 了解图片框和图像控件的区别。
- 掌握图片框和图像控件的使用方法。
- 掌握直线控件和形状控件的使用方法。
- 了解图像处理的基本方法。

9.1 考试真题

【例9-1】 使用 Line 控件在窗体上画一条从(0,0)到(600,700)的直线,则其相应属性的值应是_____。

    A) X1=0, X2=600, Y1=0, Y2=700

    B) Y1=0, Y2=600, X1=0, X2=700

    C) X1=0, X2=0, Y1=600, Y2=700

    D) Y1=0, Y2=0, X1=600, X2=700

答案:A

【解析】 X1、Y1、X2、Y2 属性是直线的起点、终点坐标。故选 A。

【例9-2】 设窗体上有 2 个直线控件 Line1 和 Line2,若使两条直线相连接,需满足的条件是_____。

    A) Line1.X1=Line2.X2 且 Line1.Y1=Line2.Y2

    B) Line1.X1=Line2.Y1 且 Line1.Y1=Line2.X1

    C) Line1.X2=Line2.X1 且 Line1.Y1=Line2.Y2

    D) Line1.X2=Line2.X1 且 Line1.Y2=Line2.Y2

答案:A

【解析】 直线控件的 X1、Y1 和 X2、Y2 属性分别表示直线两个端点的坐标,即(X1, Y1)和(X2,Y2)。如果要使两条直线相连,显然这两条直线的某一端点的坐标相同才行。因此本题需要 Line1.X1=Line2.X1 且 Line1.Y1=Line2.Y1,或 Line1.X1=Line2.X2 且 Line1.Y1=Line2.Y2,或 Line1.X2=Line2.X1 且 Line1.Y2=Line2.Y1,或 Line1.X2=Line2.X2 且 Line1.Y2=Line2.Y2。因此 A 选项正确。

【例 9−3】 要使图像框(Image)中的图像能随着图像框的大小伸缩,应该设置的属性及值是_____。

A) AutoSize 值为 True

B) AutoRedraw 值为 True

C) Stretch 值为 True

D) BorderStyle 值为 0

答案:C

【解析】 图像框控件的 Stretch 属性用来调整图像框中图形内容的大小。它既可以通过属性窗口设置,也可通过程序设置。该属性的取值为 True 或 Flase。当其属性值为 False 时,将自动放大或缩小图像框中的图形以与图像框的大小相适应。

【例 9−4】 假定在图片框 Picture1 中装入了一个图片,在程序运行中,为了清除该图片(注意,清除图片,而不是删除图片框),应采用的正确方法是_____。

A) 单击图片框,然后按 Del 键

B) 执行语句 Picture1.Picture=LoadPicture("")

C) 执行语句 Picture1.Picture=""

D) 执行语句:Picture1.Cls

答案:B

【例 9−5】 如果一个直线控件在窗体上呈现为一条垂直线,则可以确定的是_____。

A) 它的 Y1、Y2 属性的值相等

B) 它的 X1、X2 属性的值相等

C) 它的 X1、Y1 属性的值分别与 X2、Y2 属性的值相等

D) 它的 X1、X2 属性的值分别与 Y1、Y2 属性的值相等

答案:B

9.2　上机指导

实验 9−1　线绘制三角形

【题目】 在名称为 Form1 的窗体上画出如图 9.1 所示的三角形。下表给出了直线 Line1、Line2 的坐标值,请按此表画 Line1、Line2,并画出直线 Line3,从而组成如图所示的三角形。

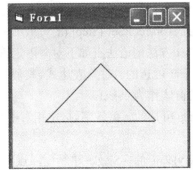

名称	X1	Y1	X2	Y2
Line1	600	1 600	1 600	600
Line2	600	1 600	2 600	1 600

图 9.1　直线绘制三角形

分析:本题主要考察线条的 Name、X1、X2、Y1、Y2 属性。

【解析】 通过对于直线 Line1、Line2 的坐标值的计算,确定线条的 X1、X2、Y1、Y2 属性的值,画出线段 Line3,本题不需要编程,直接修改直线属性即可完成。

操作步骤:建立界面,添加 Line1、Line2,设计的属性如下表 9.1 所示。根据 Line1、Line2 的坐标值计算出 Line13 的坐标值,如表 9.2 所示。

表 9.1

控件	线条 1					线条 2				
属性	Name	X1	Y1	X2	Y2	Name	X1	Y1	X2	Y2
设置值	Line1	600	1 600	1 600	600	Line2	600	1 600	2 600	1 600

表 9.2

控件	线条 3				
属性	Name	X1	Y1	X2	Y2
设置值	Line3	1 600	600	2 600	1 600

实验 9 - 2   正弦曲线绘制

【题目】   在窗体上绘制 -π 到 π 的正弦曲线,如图 9.2 所示。

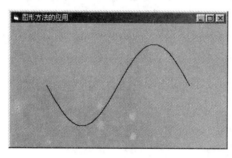

图 9.2   正弦曲线

提示:

用 PSet 方法来绘制。

PSet 方法将对象上的点设置为指定颜色。

语法:object.PSet [Step] (x, y), [color]

PSet 方法的语法有如下对象限定符和部分:

object 可选的。对象表达式,其值为"应用于"列表中的对象。如果 object 省略,具有焦点的窗体作为 object。

Step 可选的。关键字,指定相对于由 CurrentX 和 CurrentY 属性提供的当前图形位置的坐标。

(x, y) 必需的。Single(单精度浮点数),被设置点的水平(x 轴)和垂直(y 轴)坐标。

color 可选的。Long（长整型数），为该点指定的 RGB 颜色。如果它被省略，则使用当前的 ForeColor 属性值。

程序代码：

```
Private Sub Form_Click()
        Const Pi=3.1415926
        Cls
        Form1.ScaleTop=1.5
        Form1.ScaleLeft=-1.5 * Pi
        Form1.ScaleHeight=-3
        Form1.ScaleWidth=3 * Pi
        For x=-Pi To Pi Step 0.001
            PSet (x, Sin(x))
        Next x
End Sub
```

实验 9-3 直线与形状

【题目】 如图 9.3，窗体上有名称为 Timer1 的定时器，以及两条水平直线，名称分别为 Line1 和 Line2。请用名称为 Shape1 的形状控件，在两条直线之间画一个宽和高都相等的形状，设置其形状为圆，并设置适当属性使其满足以下要求：

①圆的顶端距窗体 Form1 顶端的距离为 360；

②圆的颜色为红色(红色对应的值为：&H000000FF& 或 &HFF&)，如图 9.3 所示。

图 9.3 直线与形状

程序运行时，Shape1 将在 Line1 和 Line2 之间运行。当 Shape1 的底部到达 Line2 时，会自动改变方向而向上运动；当 Shape1 的顶端到达 Line1 时，会自动改变方向而向下运动。

文件中给出的程序不完整，请完善程序，使其实现上述功能。

注意：不能修改程序的其他部分和已给出控件的属性。

【解析】 通过形状控件的 Move 方法，实现形状的移动，通过 Shape1.Top 值和 Line1.Y1 值比较来判定圆形是否越过上界，通过 Shape1.Top＋ Shape1.Height 值和 Line2.Y1 值比较来判定圆形是否越过下界。

【实验步骤】

1. 界面设计及属性设置

新建工程文件,设置形状控件的 Top 属性为 360,FillStyle 属性为 0-Solid,FillColor 属性为 &H000000FF&,Shape 属性为 3。

2. 添加程序代码

```
Dim s As Integer, h As Long
Private Sub Form_Load()
    Timer1.Enabled=   (1)
    s=-40
End Sub


Private Sub Timer1_Timer()
    Shape1.Move Shape1.Left, Shape1.Top+s
    If Shape1.Top <=   (2)   Then
        s=-s
    End If
    If Shape1.Top+   (3)   >=Line2.Y1 Then
        s=-s
    End If
End Sub
```

3. 执行程序并保存文件

程序参考**答案:**

(1) True (2) Line1.Y1 (3) Shape1.Height

实验 9-4 计时器控件和形状控件的使用

【题目】 如图 9.4 所示,窗体中有一个图片框,图片框中有一个蓝色圆,名称为 Shape1。当程序运行时,单击"开始"按钮,圆半径逐渐变大(圆心位置不变),当圆充满图片框时则变为红色,并开始逐渐缩小,当缩小到初始大小时又变为蓝色,并再次逐渐变大,如此往复。单击"停止"按钮,则停止变化。文件中已经给出了所有控件和程序,但程序不完整,请完善程序。

【解析】 (1) 程序中的符号常量 bluecolor 表示蓝色的值,redcolor 表示红色的值。(2) 通过 Shape1 的 Left 属性判断图形图片是否充满图片框或恢复到了初始大小,从而进行图片颜色红蓝的转换,以及圆形的放大或缩小。通过形状控件的 Height、Width、Left 和 Top 属性来实现圆形的大小变化。

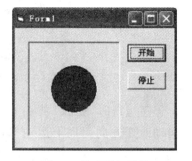

图 9.4 计时器与形状

【实验步骤】

1. 界面设计及属性设置

添加控件并设置 Timer1 的 Inteve 属性值为 1000；Shape 的 FillColor 属性值为 &HFF0000，FillStyle 属性值为 0-Solid。

2. 分析并编写程序代码。

```
Dim left0 As Integer
Const bluecolor=&HFF0000, redcolor=&HFF&
Private Sub Command1_Click()
    Timer1.Enabled=   (1)
End Sub


Private Sub Command2_Click()
Timer1.Enabled=False
End Sub
Private Sub Form_Load()
left0=Shape1.Left
End Sub


Private Sub Timer1_Timer()
If Shape1.FillColor=bluecolor Then
    If Shape1.Left>0 Then
        Shape1.Height=Shape1.Height+100
        Shape1.Width=Shape1.Width+100
        Shape1.Left=Shape1.Left-50
        Shape1.Top=Shape1.Top-50
    Else
    Shape1.FillColor=   (2)
        End If
    End If
    If Shape1.FillColor=redcolor Then
        If Shape1.Left <left0 Then
            Shape1.Height=Shape1.Height-100
            Shape1.Width=Shape1.Width-100
            (3)  =Shape1.Left+50
            (4)  =Shape1.Top+50
        Else
        Shape1.FillColor=   (5)
        End If
```

End If

End Sub

3. 调试并运行程序,关闭程序后按题目要求存盘。

程序参考答案:

(1) True (2) redcolor (3) Shape1.Left (4) Shape1.Top (5) bluecolor

实验 9 - 5　图片框控件和图像控件的差异

【题目】　在窗体上左右各放置一个大小相同的图片框和图像框,修改它们的边框式样(BordeStyle 属性),使它们的边框一栏。通过 Picture 属性装入一个同样的位图文件(.bmp),如图 9.5 所示,观察两个控件的变化以及其中图形的差异。

图 9.5　图形与图像

设置图片框的 AutoSize 属性为 True,观察两个图形的差异。

设置图像控件的 Stretch 属性为 True,再次通过 Picture 属性装入同样的位图文件(.bmp),观察两个图形的差异。

实验 9 - 6　图像控件的使用

【题目】　创建一个测试图像控件特性的应用程序:单击窗体上的"放大"、"缩小"按钮,能使图像框中的图形放大或缩小。

图 9.6　图像放大与缩小

程序代码:

```
Private Sub Command1_Click()
    Image1.Width=Image1.Width * 1.2
    Image1.Height=Image1.Height * 1.2
End Sub

Private Sub Command2_Click()
    Image1.Width=Image1.Width/1.2
    Image1.Height=Image1.Height/1.2
End Sub

Private Sub Command3_Click()
    End
End Sub
```

实验 9－7　图像处理

【题目】　创建应用程序：通过使输出的文本产生微移后叠加，在图片框中输出有立体效果的文本，如图 9.7 所示。

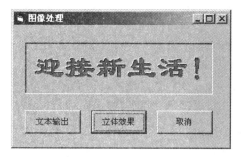

图 9.7　文字立体效果

程序代码：

```
Private Sub Command1_Click()
    Picture1.Cls
    Picture1.FontBold=True
    Picture1.FontSize=28
    Picture1.CurrentX=150
    Picture1.CurrentY=150
    Picture1.ForeColor=RGB(0, 0, 0)
    Picture1.Print "迎接新生活!"
End Sub

Private Sub Command2_Click()
```

```
        Picture1.Cls
        Picture1.FontBold=True
        Picture1.FontSize=28
        Picture1.CurrentX=130
        Picture1.CurrentY=130
        Picture1.ForeColor=RGB(255, 255, 255)
        Picture1.Print "迎接新生活!"
        Picture1.CurrentX=150
        Picture1.CurrentY=150
        Picture1.ForeColor=RGB(0, 0, 0)
        Picture1.Print "迎接新生活!"
        Picture1.CurrentX=170
        Picture1.CurrentY=170
        Picture1.ForeColor=RGB(255, 0, 0)
        Picture1.Print "迎接新生活!"
End Sub

Private Sub Command3_Click()
        Picture1.Cls
End Sub
```

第 10 章　上机综合练习

目 的 和 要 求

- 将所学知识综合运用到 VB 应用程序设计之中。
- VB 的内容十分丰富,尝试运用一些教材中没有介绍的 VB 功能,以此来锻炼自己的自学能力。

实验 10 - 1　编写英文打字训练程序

【题目】　在标签上显示随机产生的 30 个字母的范文,当焦点进入文本框时开始计时,按产生的范文在文本框中输入相应的字母,当键入满了 30 个字母后结束计时并禁止向文本框输入内容,与范文逐一比较,显示打字的速度和正确率。参考界面如图 10.1 所示。

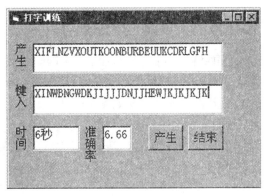

图 10.1　参考界面

实验 10 - 2　统计文本中字母出现次数

【题目】　要统计的文件名通过文件列表框获得,文件列表框仅显示扩展名为.Txt 的文件。当双击文件列表框的某文件名时,将文件内容全部读入文本框,然后对其进行统计(不区分大小写),统计结果存放在 S 字符串数组中,并将出现过的字母和出现次数显示在窗体上。参考界面如图 10.2 所示。

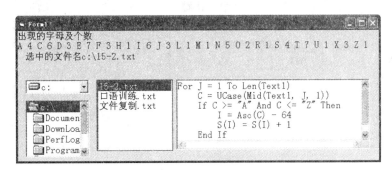

图 10.2　参考界面

实验 10‑3 设计一个计算器程序

【题目】 使用控件数组,编写一个能进行加减乘除运算的计算器程序。参考界面如图 10.3 所示。

图 10.3 参考界面

实验 10‑4 设计一个画图程序

【题目】 使用通用对话框,当单击"设置颜色"命令按钮时弹出显示颜色对话框;单击某个单选按钮,选择合适的线宽;用鼠标在图片框里拖动画出图案;使用"清除"按钮可以清空图片框。参考界面如图 10.4 所示。

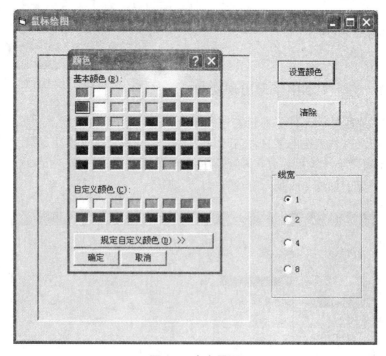

图 10.4 参考界面

附录Ⅰ 计算机等级考试介绍

全国计算机等级考试二级VB采用上机考试,满分100分,时间120分钟,有4种题型。

(1)选择题(40题,共40分)。

选择题中,公共基础知识10个(10分);VB基础知识及应用30个(30分),其中侧重基础理论的大约10个题,侧重应用的大约20题。

(2)基本操作(2题,共18分)——界面设计、补充代码

(3)简单应用(2题,共24分)——完善程序、编写简单代码

(4)综合应用(1题,共18分)——编写功能模块

【基本操作考核要点】

VB应用程序的创建、保存、运行、调试以及启动窗体的设置;

菜单设计:标题、名称、子菜单、热键、快捷键、复选、有效和可见、弹出式菜单设置、编写菜单项单击事件过程;对象的属性、方法和事件。

注意:通用对话框通常不会在VB默认工具箱中列出,需要选择【工程】→【部件】菜单,在弹出的【部件】对话框的【控件】选项卡里的列表中勾选"MicroSoft Common Control6.0"项目,单击"确定"按钮。

【简单应用考核要点】

摆放控件,设置属性(属性窗口或使用赋值语句);

填程序或编写简单功能的事件过程:

变量的定义(局部、静态变量)

控件数组、控件参数

弹出式菜单:PopupMenu

运算符(&、\、Mod)

条件表达式的构造:

num/2 <>Fix(num/2)   '判断奇偶性

Sqr(a)=Fix(Sqr(a))   '判断完全平方数

"0"~"9"的十进制 Ascii 码值是48~57

"A"~"Z"的十进制 Ascii 码值是65~90

"a"~"z"的十进制 Ascii 码值是97~122

通用过程的编写与调用

内部函数:LoadPicture( )、Mid( )、Instr( )、RTrim( )、Len( )、Asc( )、Sin(弧度)、Cos(弧度)、MsgBox( )、InputBox( )、Rnd( )、Fix( )、Int( )、Cint( )、Round( )、Tab( )、String( )、Lcase( )、Ucase( )等

Case 子句的用法:Case Is x、Case 60 To 84、Case 5,8

算法：内容交换、加密、解密、左移、右移、累加、阶乘、排序、最大/小值、分类统计、数组操作

【综合应用考核要点】

独立编写功能代码段或完善程序

函数、子程序过程的定义和调用

顺序、随机文件的读写（App.Path+"\文件名"）、记录的添加、Type 语句

多窗体、标准模块的添加，局部变量、全局变量、静态变量的使用

算法：穷举、递推、查找、排序、统计、判断素数、大小写转换、进制转换、数组（生成、合并、找对角线元素）、产生互不相同的数、分解字符串。

【考试技巧】

审题（看清题目要求、注意事项、操作顺序、实现功能）；合理使用注释及调试工具；重视结果文件的保存。

附录Ⅱ 常用算法总结

一、变量值的交换

算法思想:若交换两个变量的值,必须引入第三个新的变量进行传递。正确的代码是:

X=12 : Y=23

T=X : X=Y : Y=T

二、判断一个数是否能被另一个数整除

算法思想:可以用整除的定义(余数为0)或 X 除以 Y 等于 X 整除 Y 等表达式进行判断。

条件表达式可以为:X mod Y=0 或 X\ Y=X/Y 或 Int(X/Y)=X/Y

如果以上条件表达式为 True,则表示 X 能被 Y 整除。

三、累加、阶乘、计数和求平均值

算法思想:使用循环语句,并用一个变量存放累加的中间及最终结果。

注:累加求和时变量初值为 0,计算阶乘时变量初值为 1。

统计计个数(计数)时可用一个变量作为统计个数的累加变量,每次加 1 即可。

求平均值算法思想是先求和,再除以个数。

条件求和(或计数):在循环语句中加入 If—End If 判断语句。

例题:计算 1 到 10 之间所有整数的累加和以及 10!。

```
n=10
sum=0            ' 累加求和时,变量的初值一定为 0
prod=1           ' 累乘(连乘)时,变量的初值一定为 1
For i=1 To n
     sum=sum+i
     prod=prod*i
Next i
Print sum,prod
```

例题:统计 0～100 之间能被 3 整除的数的个数、累加和及其平均值。

```
s=0
n=0
For i=0 To 100
     If i mod 3=0 Then
          s=s+i
```

```
        n=n+1
    End If
Next i
Print n,s,s/n
```

四、对数组中的元素逐一进行操作

算法思想:在 VB 中,对于数组中元素的操作,往往使用到 For 循环。通用代码为:

```
Dim 数组名([下标下界] To 下标上界)
……
For i=LBound(数组名) To UBound(数组名)
    ……
    数组名 (i) ……
    ……
Next i
```

通过以上循环,可以对数组中所有元素逐一操作。

注:

1) LBound 函数:返回数组的下界

   UBound 函数:返回数组的上界

2) 如果数组上界和下界已经确定,可以不使用函数,直接指明即可。例如

```
Option Base 1
Dim a(100) As Integer
For i=1 To 100
    ……
    A(i) ……
    ……
Next i
```

3) 对于二维数组,要使用 For 循环的嵌套实现对数组中元素的操作,其中外层循环变量控制第一维下标的变化,内层循环变量控制第二维下标的变化,例如:

```
Option Base 1
Dim a(2,3) As Integer
For i=1 to 2
For j=1 to 3
    ……
    a (i,j) ……
    ……
Next j
Next i
```

例题:

1. 对下标为偶数的元素进行处理的程序代码

Option Base 1

……

```
For i=1 to UBound(a)              '循环变量 i 可代表数组元素的下标
If i mod 2=0 Then
     a (i) ……
End If
Next i
```

2. 对数组元素中数据为偶数的元素进行处理

Option Base 1

……

```
For i=1 to UBound(a)              '循环变量 i 代表数组元素的下标
If a(i) mod 2=0 Then
     a (i) ……
End If
Next i
```

五、交换数组元素

算法思想:若某一维数组有 n 个元素,将第 1 个元素和第 n 个元素交换,将第 2 个元素和第 n-1 个元素交换……,需要交换 n\2 次(如果交换 n 次,则回到初始状态);对于二维数组,若进行行交换或列交换,需要使用循环语句,每次循环需要使用变量值交换算法。

例题:交换一维数组(5 个元素)的元素值

```
b=Array(1, 3, 5, 7, 9)
For i=0 To 5\2
     tmp=b(i)
     b(i)=b(5-i-1)
     b(5-i-1)=tmp
Next i
End Sub
```

例题:一维数组元素交换的通用代码:

```
n=UBound(数组名)
For i=LBound(数组名) To n\2
  t=b(i)
  b(i)=b(n)
  b(n)=t
  n=n-1
Next i
```

例题:交换二维数组 Mat 第二列和第四列的数据

```
        For i=LBound(Mat,1) To UBound(Mat,1)
                t=Mat(i, 2)
                Mat(i, 2)=Mat(i, 4)
                Mat(i, 4)=t
        Next i
```
例题：交换二维数组 Mat 第一行和第三行的数据
```
        For j=LBound(Mat,2) To UBound(Mat,2)
                t=Mat(1, j)
                Mat(1,j)=Mat(3,j)
                Mat(3,j)=t
        Next i
```

六、求数组元素中的最大值、最小值

算法思想：假设数组中第一个元素为最大值，并赋给变量 Max，然后使用循环结构依次与第 2 个数组元素至最后一个元素进行比较，如果某数组元素的值大于 Max，则将该元素的值赋给 Max（同时可记录下该数组元素在数组中的位置）。

例题：显示数组 a 中的最大值及其下标。
```
Option Base 1
        Dim Max As Integer, Index As Integer
Max=a(1)
aIndex=1
For i=2 to UBound(a)
If a(i)>Max Then
        Max=a(i)
        aIndex=i
    End If
Next i
Print Max , i
```
求最小值的方法与此类似，差别在于取第一个元素为最小值 Min，与 2 个数组元素至最后一个元素进行比较时判断关系有所调整，即
```
Min=a(1)
If a(i)<Min Then
        Min=a(i)
End If
```

七、常用字符处理函数

Mid 函数：从字符串指定位置取指定个字符，格式为 Mid (字符,p,n) ，从第 p 个字符开始，向后截取 n 个字符（若 n 省略则取到最后）。

Left 和 Right 函数:从字符串左边或右边取指定个字符,格式为 Left (字符,n)和 Right (字符,n)。

Len 函数:测试字符串长度。

UCase 和 LCase 函数:UCase 将小写字母转换为大写字母;LCase 将大写字母转换为小写字母。

Instr([首字符位置,] 字符串 1,字符串 2[,n]):在字符串 1 中查找字符串 2,如果找到,返回字符串 2 的第一个字符在字符串 1 中出现的位置。首字符位置是可选的,如果不指定,从字符串起始位置开始查找;如果指明,从指定的位置开始查找。

Asc 函数:返回字符串中第一个字符的 ASCII 码。

Chr 函数:将一个数值转换为其所对应的字符。

字符的比较规则是按 ASCII 码顺序比较,规则为 空格<"A"～"Z"<"a"～"z"

同一个字母而言,小写字母的 ASCII 码比大写字母的 ASCII 码十进制大 32(20H)。

例题:

1. 将所有文本转换为大写(小写)字母

可以直接使用 UCase(LCase)函数转换。例如:

Text2.Text=UCase(Text1.Text)

2. 对某个字符串的所有字符逐一处理

算法思想:如果对某个字符串的所有字符逐一处理,即从字符串的第 1 个字符开始到最后一个字母,每次处理 1 个字符。可以使用 For 循环实现。通用代码为:

```
For i=1 To Len(s)
    s1=Mid(s,i,1)
    ……
Next i
```

3. 字符转换

算法思想:通过字符的 ASCII 码进行处理(使用 Asc 函数),然后再使用 Chr 函数将 ASCII 转换成字符。

例题:将文本框 Text1 中字符按如下规律转换 a－b、b－c、…、z－a,并显示在文本框 Text2 中。

```
s=Text1.Text
n=Len(s)
For i=1 To n
    s1=Mid(s, i, 1)
    If s1>="a" And s1 <="y" Then
        s2=s2+Chr(Asc(s1)+1)
    ElseIf s1="z" Then
        s2=s2+"a"
    End If
Next i
```

Text2.Text=s2

例题：将文本框 Text1 中的小写字母转换其对应的大写字母，将大写字母转换成小写字母，并显示在文本框 Text2 中。

```
Private Sub Command1_Click()
    s=Text1.Text
    n=Len(s)
    m=Asc("a")-Asc("A")
    For i=1 To n
        s1=Mid(s, i, 1)
        If s1>="a" And s1 <="z" Then
        s2=s2+Chr(Asc(s1)-m)
        End If
        If s1>="A" And s1 <="Z" Then
        s2=s2+Chr(Asc(s1)+m)
        End If
    Next i
    Text2.Text=s2
End Sub
```

4. 判断是否回文函数

所谓回文是指顺读与倒读都一样的字符串，如"rececer"

```
Function foundhuiwen(p As String)
    foundhuiwen=True
    k=Len(p)
    For i=1 To k/2
        If Mid(p, i, 1) <>Mid(p, k+1-i, 1) Then
            foundhuiwen=False
            Exit For
        End If
    Next
End Function
```

如果 foundhuiwen 函数返回值为 True，表明字符串 p 为回文，否则表示不是回文。

5. 统计某字符出现次数

算法思想：对字符串中字符逐一判断，如果是某字符，则统计变量加 1。

例题：统计文本框 Text1 中字符 i 和 j 出现的次数（不区分大小写）。

```
Private Sub Command1_Click()
    s=Text1.Text
    n=Len(s)
    For i=1 To n
```

```
        s1=Mid(s, i, 1)
        If UCase(s1)="I" Then ni=ni+1
        If UCase(s1)="J" Then nj=nj+1
    Next i
    Print ni, nj
End Sub
```

八、素数

素数定义:只能被 1 和本身整除的正整数称为素数(或称质数)。例如 11 就是素数,它只能被 1 和 11 整除。

算法思想:判别某数 n 是否是素数的方法有很多,最简单的是从素数的定义来求解。对于 n,从 i=2,3,…,n-1 判别 n 能够被 i 整除,只要有一个能整除,n 就不是素数,否则 n 是素数。此种算法比较简单,但速度慢,因此,可以将 n 被 2 到(或 n/2)间的所有整数除,如果都除不尽,则 n 就是素数,否则 n 是非素数。

注:执行 For 循环时,循环变量等于终值仍进入循环,遇到 Next 语句,循环变量会自动加上步长,因此如果循环正常完成后,循环变量的值将大于终值。

例如:

```
For i=1 To 4
    If…… Then Exit For
Next i
Print i
```

如果循环正常结束,则输出结果为 5(大于 4)。如果循环过程中满足 If 条件,执行 Exit For 语句退出循环,则 i 的值一定小于 5。

例题:判断 n 是否是素数。

```
Private Sub Command2_Click()
    n=Val(Text1.Text)
    For j=2 To n-1
        If n Mod j=0 Then Exit For
    Next j
    If j>n-1 Then Print "是素数" Else Print "不是素数"
End Sub
```

例题:输出 2～n 范围的全部素数。

```
Private Sub Command1_Click()
n=Val(Text1.Text)
For i=2 To n
    For j=2 ToInt(Sqr(i)
        If i Mod j=0 Then Exit For
    Next j
```

```
        If j>Int(Sqr(i)) Then Print i
    Next i
    End Sub
```

九、最大公约数和最小公倍数

算法思想：

（1）x 除以 y 得余数 r；

（2）x←y,y←r；

（3）若 r<>0,继续转到步骤（1）；否则 x 为求得的最大公约数,算法结束。

求得了最大公约数后,最小公倍数就可很方便地求出,即将原来的两数相乘除以最大公约数。

```
Private Sub Form_Click()
    x=Val(InputBox("请输入第一个数:"))
    y=Val(InputBox("请输入第二个数:"))
    x1=x
    y1=y
    Print x, y
    Do
        r=x Mod y
        x=y
        y=r
    Loop While r <>0
    Print "最大公约数为:"; x
    Print "最小公倍数为:"; x1 *y1/x
End Sub
```

十、完数

定义：一个数如果正好等于它的因子之和,这个数就称为完数。例如,6 的因子为 1、2、3,而 6=1+2+3,因此 6 是"完数"。

例题：编程找出 1000 以内的所有完数。

```
Private Sub Command1_Click()
CallOutputWanNumber(1000)
End Sub
'求完数的过程
Sub OutputWanNumber(ByVal n As Integer)
Dim i As Integer,j As Integer,s As Integer
For i=1 To n
    s=0
```

```
        For j=1 To i\2
            If i Mod j=0 Then s=s+j
        Next j
        If s=i Then Print i & "是完数"
    Next i
End Sub
```

十一、水仙花数

定义："水仙花数"是指一个三位数,其中各位数字的立方和等于该数本身(如 153=13³+53+33)

分析:此题的关键是要知道如何分离出一个三位数中的各位数字。

例题:找出 100~999 之间的所有"水仙花数"。

方法一:

```
Private Sub Command1_Click()
    For i=100 To 999
        a=Int(i/100)
        b=Int((i-100 * a)/10)
        c=i-Int(i/10) * 10
        If i=a^3+b^3+c^3 Then
            Print i
        End If
    Next i
End Sub
```

方法二:

```
Private Sub Command1_Click()
For i=1 To 9
For j=0 To 9
For k=0 To 9
    If i^3+j^3+k^3=100*i+10*j+k Then
        Print 100 * i +10 * j+k
    End If
Next k
Next j
Next i
End Sub
```

十二、数列

以下数列:1,1,2,3,5,8,13,21,…,的规律是从第 3 个数开始,每个数是它前面两个数之和。

```
Private Sub Command1_Click()
Dim a(50) As Long
Dim f As Long
    a(1)=1
    a(2)=1
    For i=3 To Val(Text1.Text)
        f=a(i-2)+a(i-1)
        a(i)=f
    Next
    Text2.Text=f
End Sub
```

以下数列:1,1,3,5,9,15,25,41,…,的规律是从第 3 个数开始,每个数是它前面两个数的和加 1。

```
Private Sub Command1_Click()
Dim f As Long
a(1)=1
a(2)=1
For i=3 To Val(Text1.Text)
    f=a(i-2)+a(i-1)+1
    a(i)=f
Next
Text2.Text=f
End Sub
```

十三、排序

本算法主要应用于数组。排序算法有种,"冒泡"排序和"选择"排序。

(1)"冒泡"排序

算法思想:从数组的第一个元素开始,每一项(i)都与下一个元素(i+1)进行比较,如果下一个元素的值较小,就将这两项的位置交换,从而使值较小的数据项"升"到上面(最大数"沉底"),重复这种操作直到最后一个元素,然后再回到开始进行重复处理。当整个数组不再出现交换项目时,排序结束。

例题:数组 a 种有 10 个元素,每个元素值分别为 10、8、21、7、5、9、3、12、4、6,用冒泡排序法进行排序。

```
Option Base 1
Private Sub Command1_Click()
Dim arr1 As Variant
arr1=Array(10, 8, 21, 7, 5, 9, 3, 12, 4, 6)
```

```
For i=1 To 9
    For j=1 To 10-i
        If arr1(j)>arr1(j+1) Then
            t=arr1(j)
            arr1(j)=arr1(j+1)
            arr1(j+1)=t
        End If
    Next j
Next i
For i=1 To 10
Print arr1(i);
Next i
End Sub
```

(2)"选择"排序

算法思想：每次在若干个无序数中找出最小数（升序排列），并放在无序数中的第一个位置。假定有下标为 1～n 的 n 个数的序列，要求按升序排列，实现的步骤如下：

(1) 用第 1 个元素开始与其后 n-1 个数比较找出最小数，并与第 1 个元素交换位置。

(2) 用第 2 个元素开始与其后 n-2 个数比较找出最小数，并与第 2 个元素交换位置。

(3) 重复(2) 依次从 3、4、…、n+1 个元素中找最小、交换直到倒数第 2 个元素与最后 1 个元素比较后结束。

例题：随机产生 50～100 之间的 10 个数，用选择排序按从小到大排序输出。

```
Private Sub Command2_Click()
Dim a(1 To 10) As Integer
For i=1 To 10
    a(i)=Int(Rnd * 51)+50
    Print a(i);
Next i
    Print
For i=1 To 9
    For j=i+1 To 10
        If a(i)>a(j) Then
            t=a(i): a(i)=a(j): a(j)=t
        End If
    Next j
Next i
For i=1 To 10
    Print a(i);
Next i
```

```
End Sub
```

十四、进制转换

1. 算法说明

1) 十进制正整数 m 转换为 R(2-16)进制的字符串。

思路：将 m 不断除 r 取余数，直到商为 0，将余数反序即得到结果。

算法实现：

```
Private Function Tran(ByVal m As Integer, ByVal r As Integer) As String
Dim StrDtoR As String, n As Integer
Do While m <> 0
    n=m Mod r
    m=m\ r
    If n>9 Then
        StrDtoR=Chr(55+n) & StrDtoR
    Else
        StrDtoR=n & StrDtoR
    End If
Loop
Tran=StrDtoR
End Function
```

2) R(2-16)进制字符串转换为十进制正整数。

思路：R 进制数每位数字乘以权值之和即为十进制数。

算法实现：

```
Private Function Tran(ByVal s As String, ByVal r As Integer) As Integer
Dim i as Integer, n As Integer, dec As Integer
s=UCase(Trim(s))
For i=1 To Len(s)
    If Mid(s, i, 1)>="A" Then
        n=Asc(Mid(s, i, 1))-55
    Else
        n=Val(Mid(s, i, 1))
    End If
    dec=dec+n * r^(Len(s)-i)
Next i
Tran=dec
End Function
```

参考文献

[1] 孙建国,海滨.Visual Basic 实验指导书:2015 年版[M].苏州:苏州大学出版社,2015.

[2] NCRE 研究组.全国计算机等级考试考点解析、例题精解与实战练习.二级 Visual Basic 语言程序设计:第一版[M].北京:高等教育出版社,2016.

[3] NCRE 研究组.全国计算机等级考试笔试+上机全真模拟.二级 Visual Basic 语言程序设计:第一版[M].北京:高等教育出版社,2016.

[4] 刘炳文.Visual Basic 程序设计教程题解与上机指导:第二版[M].北京:清华大学出版社,2013.

[5] 虞勤,徐洋,聂黎生,沈凤仙.Visual Basic 程序设计实训教程[M].北京:高等教育出版社,2016.

[6] 龚沛曾,陆慰民,杨志强.Visual Basic 实验指导与测试:第二版[M].北京:高等教育出版社,2015.

[7] 教育部考试中心.全国计算机等级考试二级教程——Visual Basic 语言程序设计(2016 年版)[M].北京:高等教育出版社,2016.